Hello
the 1988

Head Start

COMMUNITY
PUZZLE
SIT, RELAX, ENJOY,
SHARE!
Kodacolor
1000

TAX FORM
INCLUDED
IN BOOKLET
TAX

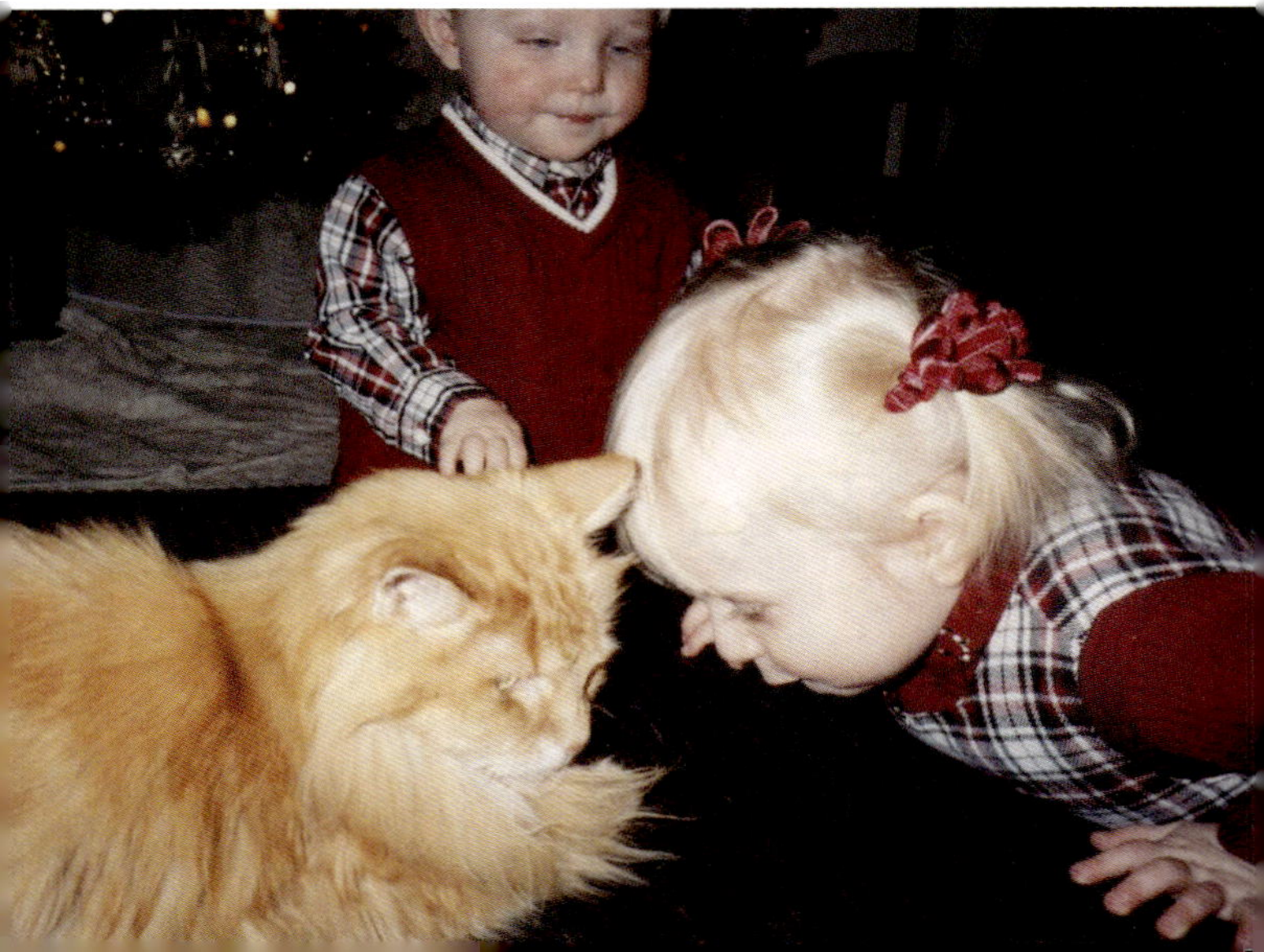

ハヤカワ文庫 NF
〈NF365〉

図書館ねこデューイ

町を幸せにしたトラねこの物語

ヴィッキー・マイロン
羽田詩津子訳

早川書房
6684

DEWEY

by

Vicki Myron with Bret Witter

Translated by
Shizuko Hata
Published 2010 in Japan by
HAYAKAWA PUBLISHING, INC.
This book is published in Japan by
arrangement with
SANFORD J. GREENBURGER ASSOCIATES, INC.
through TUTTLE-MORI AGENCY, INC., TOKYO.

口絵・本文写真／Vicki Myron

おばあちゃん、母さん、ジョディ――わたしと同じように
デューイを心から愛してくれた、すばらしい三人の女性たちに

目次

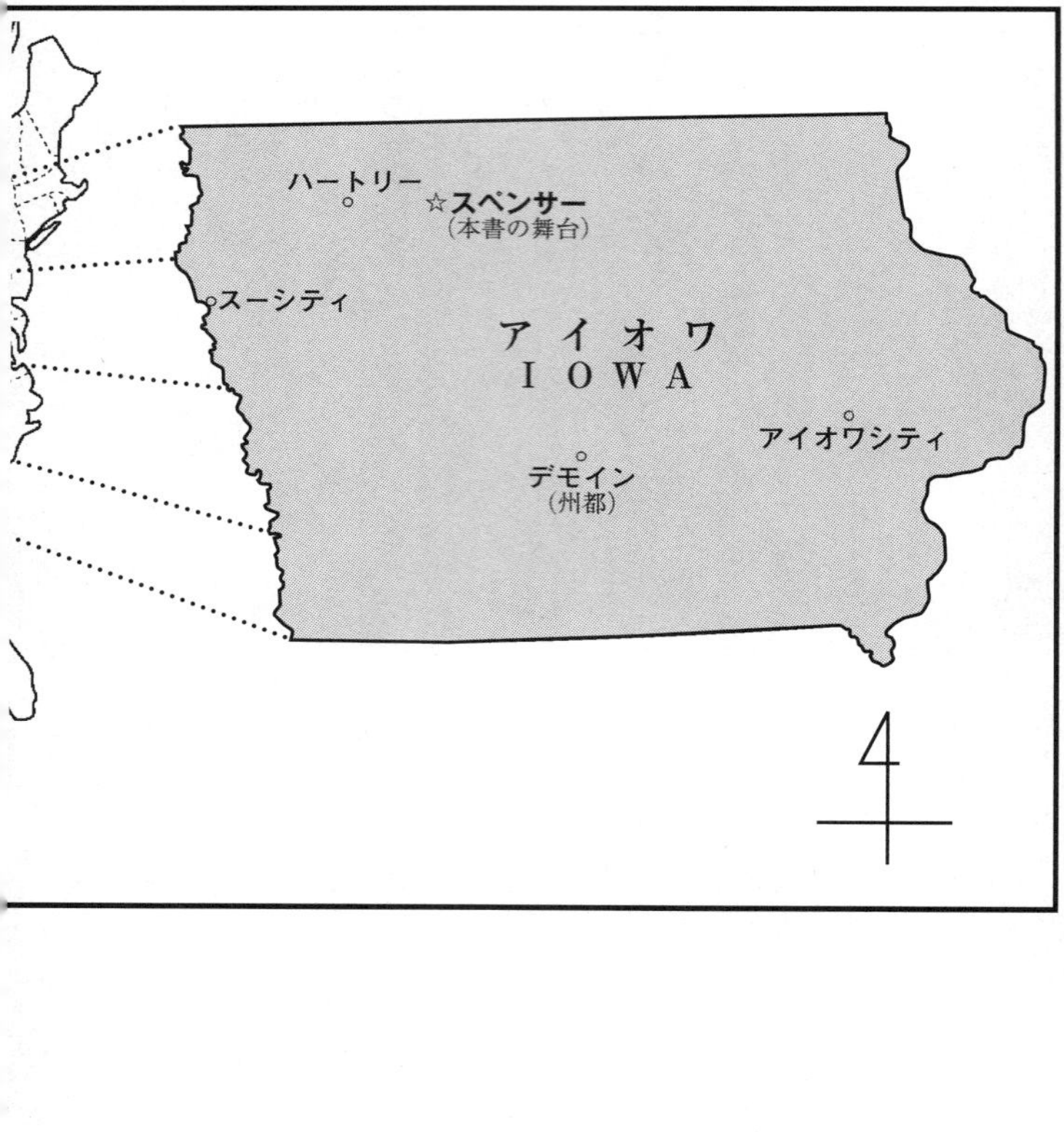
ハートリー
☆スペンサー
（本書の舞台）
スーシティ
アイオワ
IOWA
アイオワシティ
デモイン
（州都）

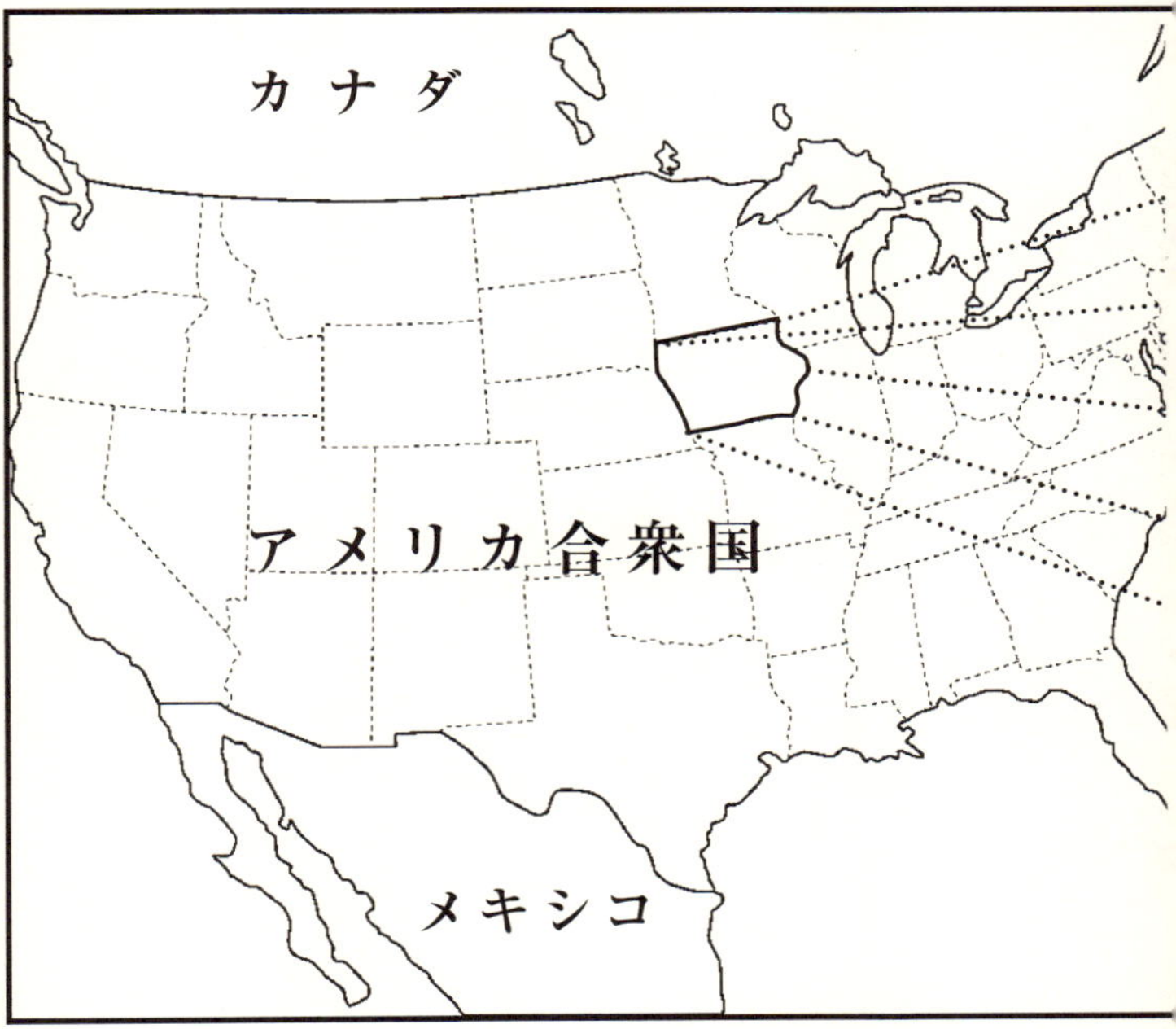
カナダ
アメリカ合衆国
メキシコ

図書館ねこデューイ

町を幸せにしたトラねこの物語

プロローグ　アイオワにようこそ

合衆国中部には、東をミシシッピ川、西を砂漠にはさまれた千六百キロほどにおよぶ台地がある。そこはなだらかな丘陵地帯で、山はない。川、小川、湖には恵まれている。露出した岩に風が吹きつけ、最初は砂塵を、次に土を、それから土壌を、最後に肥えた黒い農地をつくりあげた。このアイオワ州の農地は、世界で最高の農業地帯のひとつだといえるだろう。グレートプレーンズ。パンかご。コーンベルト。

アイオワの北西部では、冬には空が農場をのみこんでしまう。寒い日には、平原から流れこんでくる黒い雲が、鋤《すき》さながら土地を掘り起こしていくようにみえる。春にはどこもかしこもたいらで空《から》っぽになる。茶色の土と、土に鋤《す》きこまれるのを待っている裁断されたトウモロコシの茎《くき》しかない。だが、晩夏にここにくると、地面が持ちあがり、風景から空を切りとろうとしているようにみえるにちがいない。トウモロコシは高さ三メートル近くになり、鮮やかな緑の葉がたくさんでて、てっぺんにはあでやかな金色の房《ふさ》が生えている。車で走っていくと、ほとんどそのあいだに、つまりトウモロコシの壁のあいだに埋もれることになるだろう。しかし、かすかに起伏のある道路の高い場所では、緑のてっぺんが金色に染まり、絹糸《きぬいと》のような穂が太陽にきらめいている畑が、はるかかなたまで続いているのがみえるはずだ。その絹糸のようなものがトウモロコシの生殖器官で、ひと月のあいだ飛散する金色の花粉をとらえつつ、やがて夏の厳しい暑さのもとでゆっくりと褐色に枯れていく。

トウモロコシ畑の間を走り続け、リトル・スー川にかかる美しい低い橋を渡ると、アイオワ州の中心スペンサーにはいる。そこは一九三一年からほとんど変わっていない町だ。

スペンサーのダウンタウンは、アメリカの小さな町の絵葉書から抜けでてきたようだ。二階か三階建ての建物が軒を並べた商店街では、人々は縁石に車を停めて通りを歩き回っている。〈ホワイト薬局〉、〈エディ・クィン紳士用品店〉、〈ステファン家具店〉はもう何十年も商売をしている。〈ヘン・ハウス〉では農場の主婦や、三十キロほど北のアイオワの湖水地方を訪ねる途中にたちよる観光客相手に、装飾品を売っている。

飛行機の模型専門の趣味の店、カードショップ、酸素タンクと車椅子を貸しだしている店。掃除機の店。美術品店。古い映画館はまだ営業しているが、橋の南に七スクリーンを備えたシネマコンプレックスができたので、二番興行のものしか上映していない。

ダウンタウンは、橋から八ブロック先のホテルで終わる。〈ザ・ホテル〉――実際の名前だ。五階建てで、簡素な赤レンガで頑丈に造られたホテルは、いったん廃業したあと、一九七〇年代に改装された。だが、その頃には人が集まるのは、グランド・アヴェニューの五ブロック先にある、フォーマイカ張りのテーブル、ドリップコーヒー、煙草《たばこ》くさいブースを備えた実質本位の食堂〈シスターズ・カフェ〉になっていた。三つのグループの男たちが毎朝〈シスターズ・カフェ〉に集まってきた。老人、さらに年老いた人々、老いさらばえた人々。彼らはこの六十年間、力をあわせてスペンサーの町を運営してきたのだ。

〈シスターズ・カフェ〉の角を曲がり、駐車場の向かいをグランド・アヴェニューから半ブロックほど入ったところに、灰色のコンクリート造りの平屋建てがある。それがスペンサー公共図書館だ。わたしの名前はヴィッキー・マイロン。その図書館で二十五年間、働いてきた。この二十年は館長として。初めてのパソコン導入も、閲覧室の設置も監督した。子どもたちが大きくなり、去っていくのも見守ってきた。彼らは十年後、自分の子どもを連れて図書館のドアから再び入ってきたものだ。スペンサー公共図書館は、少なくとも最初のうちはたいした場所にみえないかもしれない。しかし、この中部の物語におけるもっとも重要な場所であり、舞台であり、中心なのだ。わたしがスペンサーについて語ること――周囲の農場、近くの湖、ハートリーのカトリック教会、箱工場、アーノルド・パークでぐるぐる回っている古びた大観覧車――すべては最終的に、この小さな灰色の建物と、十八年以上ここに住んでいた猫に戻ってくる。

動物はどのぐらいの影響力を持てるものか？　一匹の猫がいくつの人生とふれあえるだろう？　捨てられていた子猫が、小さな図書館を出会いの場と観光客の注目の的《まと》に変え、アメリカの昔ながらの町に活気を吹きこみ、地域全体をひとつにまとめ、世界じゅうで有名になるなどということがありうるのだろうか？　アイオワ州スペンサーで愛された図書館猫、デューイ・リードモア・ブックスの物語をきけば、そうした疑問の答えが手に入るだろう。

とてつもなく寒い朝

一九八八年一月十八日は、アイオワがとても冷えこんだ月曜だった。前夜、気温は零下十五度までさがった。そのうえ寒風がコートの下まで浸《し》みとおり、骨までこごえさせた。とてつもない寒さで、息をするのさえつらいほどだった。アイオワの住人なら全員が知っているが、平地では寒さを防ぐ術《すべ》がないのだ。南北両ダコタ州を経由したカナダからの風が、直接町に吹きこんできた。町の給水塔が一八九三年に焼けおちたときは――導管がこおるのを防ぐために詰められていたわらに火がつき、おまけに付近の消火栓はすべてこおりついていた――厚さ六十センチ、直径三メートルの氷がタンクの上からすべりおち、地域レクリエーションセンターを押しつぶしたうえ、グランド・アヴェニューのありとあらゆるものを粉々《こなごな》にした。それがスペンサーの冬なのだ。

わたしはもともと朝型人間ではないし、ことにまだ暗くて雲のたれこめた一月の朝はうれしくなかったが、仕事には熱心だった。十ブロック先の仕事場にでかけた朝七時半にはすでに数台の車が道を走っていたが、いつものようにわたしの車が最初に駐車場にすべりこんだ。通りの向かいのスペンサー公共図書館は死んでいた――わたしがスイッチをいれて生き返らせるまで、明かりも人の気配もなく、物音もしなかった。夜のあいだにヒーターが自動的に入っていたが、朝いちばんの図書館はまだ冷凍庫のようだ。アイオワの北部にコンクリートとガラスの建物を造ろうなどと、誰が考えたのだろう？まず、コーヒーが飲みたかった。

まっすぐ図書館のスタッフルーム――電子レンジと流し台のついた小さなキッチン、大半の人にとっては雑然としすぎている冷蔵庫、数脚の椅子、私用のための電話があるだけの部屋だ――をめざすと、コートをかけ、コーヒーをいれはじめた。そして、土曜の新聞にざっと目をとおした。ほとんどの地元のできごとが図書館に影響を与える可能性がある。地元新聞《スペンサー・デイリー・レポーター》は日曜と月曜には発行されていなかったので、月曜は週末のニュースに追いつく日だった。

「おはよう、ヴィッキー」図書館の副館長ジーン・ホリス・クラークが入ってきて、スカーフとミトンをとった。「ひどい天気ね」

「おはよう、ジーン」わたしは新聞をわきに置いた。

スタッフルームの奥の壁際には、蝶番《ちょうつがい》で開く蓋《ふた》のついた大きな金属製の箱があった。

箱は高さ六十センチ、縦横一・二メートルで、ちょうど脚を半分に切りおとした二人掛け用のキッチンテーブルぐらいの大きさだった。金属製のシュートが箱のてっぺんから突きでて、壁のなかに消えていた。シュートの先は建物の裏の路地に面していて、外壁に金属製のスロットが開いている。図書館の時間外返却口だ。

図書館の返却ボックスにはありとあらゆるものが放りこまれる――ゴミ、石、雪玉、ソーダ缶。真似《まね》する人がでてくるので、図書館員はそれについて話題にしないが、どんな図書館員もその問題に悩まされている。ビデオ店もおそらく同じ問題を抱えているだろう。壁にスロットを開けると厄介事を招きやすいのは、スペンサー公共図書館のように、中学校の向かいの路地に返却口がある場合だろう。午後に何度か、返却ボックスで大きな破裂音がしてびっくりしたことがある。中には爆竹《ばくちく》が放りこまれていた。

週末のあとは返却ボックスは本でいっぱいになっているので、毎週月曜、担当者が返却処理をして棚に並べられるように、わたしはカートに本をのせておく。この特別な月曜の朝、わたしがカートを押してくると、ジーンが部屋の真ん中にたっていた。

「音がきこえる」

「どういう音？」

「返却ボックスからよ。動物じゃないかと思うわ」

「なんですって？」

「動物よ。返却ボックスに動物が入りこんだんじゃないかしら」

そのとき、わたしも金属製の蓋の下から低いくぐもった音をきいた。動物のようには思えなかった。むしろ、咳払いをしようとしている老人のようにきこえた。だが、老人ではないだろう。シュートの入り口は十センチ足らずの幅なので、いくらなんでも狭すぎる。動物というのはたぶんまちがいないが、種類は何だろう？　ひざをつき、リスかもしれないと思いながら蓋に手を伸ばした。

まず、箱の中から凍《い》てついた空気がたちのぼってきた。誰かが返却口に本をねじこんだまま、開けっぱなしにしたのだ。箱の中は戸外と同じぐらい冷たかった。箱は金属製なので、たぶんもっと冷たかっただろう。冷凍した肉も保管できそうだった。寒さに息をとめていたとき、子猫をみつけた。

箱の手前の左隅に丸くなっていた。頭をうなだれ、脚を体の下に折りたたみ、自分をできるだけ小さくみせようとしている。本は箱いっぱいに危なっかしく積まれていて、子猫の姿は本の陰《かげ》になってよくみえなかった。もっとよくみようとして、一冊の本を慎重にとりのぞいた。子猫はわたしをみあげた、ゆっくりと悲しげに。そしてまた頭をたれ、丸くなった。子猫は強がろうとはしなかった。隠れようともしなかった。おびえているようにすらみえなかった。ただ助けてもらうのを待っていたのだ。

心がとろけるというのが陳腐《ちんぷ》な表現だということは承知しているが、まさにそのとき、わたしに起きたのはそれだった。わたしは骨抜きになってしまった。わたしは涙もろい人間ではない。シングルマザーで農場育ちで、つらい時期を乗り越えて人生を切り開いてきた。しかし、これはあまりにも……予想外だった。

わたしは子猫を箱からとりだした。子猫の体はわたしの両手にすっぽりおさまりそうだった。あとで生後八週間くらいとわかったが、そのときは生まれてから八日もたっていないようにみえた。ひどくやせているので、肋骨《ろっこつ》がすけてみえるほどだった。心臓の鼓動と、肺の呼吸が感じられた。哀れな子猫はひどく弱っていて頭を持ちあげていられないほどで、ガタガタ震えていた。口を開けたが、二秒後にでてきた声は弱々しくしゃがれていた。

そして冷たかった。そのことがいちばん鮮明に記憶に刻まれている。生き物がこれほど冷たいとは信じられなかったからだ。そこで子猫を腕に抱き、わたしの体温で暖めようとした。子猫は嫌がらなかった。それどころか、わたしの胸のあいだにおさまり、頭を心臓に押しつけた。

「まあ、驚いた」ジーンがいった。

「かわいそうな子」わたしはさらにきつく抱きしめた。

「かわいいわね」

しばらく二人とも口をきかなかった。ただ子猫をじっとみつめていた。やがてジーンがいった。「どうやってあそこにはいったのかしら?」

わたしは昨夜のことは考えていなかった。今のことを考えていた。獣医に電話するには早すぎた。医師はあと一時間は病院にこないだろう。だが、子猫はひどく冷たかった。わたしの腕のなかにいても、激しく震えているのが感じられた。

「どうにかしなくちゃ」わたしはいった。

ジーンがタオルをつかみ、わたしたちは鼻先だけでるように子猫をくるんだ。その大きな目は、タオルの陰からびっくりしたようにこちらをみつめていた。

「温かいお風呂に入れましょう。そうすれば震えがとまるかもしれない」わたしはいった。

スタッフルームの流しにお湯をため、子猫を抱いていたのでひじの先で温度を確かめた。子猫は流しの中に氷のかたまりのようにするりとすべりこんだ。ジーンが美術用品の棚からシャンプーを探しだしてきたので、わたしはゆっくり、愛情こめて、ほとんどなでるようにして子猫を洗った。お湯がどんどん灰色になるにつれ、子猫の激しい身震いはおさまり、低く喉《のど》をゴロゴロ鳴らしはじめた。わたしは微笑《ほほえ》んだ。この子猫はタフだ。だが、とても幼かった。ようやく流しからとりだしたとき、子猫は生まれたてのようにみえた。大きなながば閉じた目、小さな頭から突きでた大きな耳、そして小さな体。濡れて無防備で、母親を求めて弱々しくミャーミャー鳴いていた。

本の修理のときに糊《のり》を乾かすドライヤーで、毛を乾かしてやった。三十秒もしないうちに、わたしの抱いている子猫は美しい長毛《ちょうもう》の赤茶色のトラ猫になった。体がひどく汚れていたせいで、最初は灰色だと思ったのだ。

ドリスとキムが出勤してくると、スタッフルームの四人全員が、順番に子猫をあやした。八つの手が次々に子猫にふれた。わたしが子猫を無言で腕に抱き、赤ん坊のように前後に揺すっているあいだ、他の三人のスタッフは話し合っていた。

「どこからきたの？」

「返却ボックスよ」

「まさか！」

「雄、それとも雌？」

わたしは目をあげた。全員がわたしをみつめている。「雄よ」わたしはいった。

「きれいな猫ね」

「生まれてどのぐらい?」

「どうやってボックスにはいったのかしら?」

わたしはきいていなかった。ただ子猫だけをみつめていた。

「外はとっても寒いわ」

「こおっちゃうほど寒いわよ」

「今朝は今年いちばんの冷え込みだったわね」

沈黙。それから「誰かがボックスに放りこんだにちがいないわ」

「ひどいことをするわね」

「もしかしたら助けようとしたのかもしれない。寒さから」

「どうかしら……まだこんなに小さいのに」

「生まれたばかりだわ」

「本当にきれいね。ああ、胸が張り裂けそう」

わたしは子猫をテーブルにおろした。哀れな子猫はちゃんとたっていられないほどだった。なにしろ足の肉球がみんなしもやけになっていて、その次の週には白くなってはがれおちたのだから。それでも、子猫は実に驚くべきことをした。テーブルの上にたつと、一人一人の顔をゆっくりとみあげたのだ。それからよろよろと歩きはじめた。みんなが手を伸ばしてなでると、彼は小さな頭を順番に相手の手にこすりつけ、ゴロゴロ喉を鳴らした。始まったばかりの人生における恐ろしいできごとを忘れて。図書館の返却ボックスに彼を押しこんだ残酷な人間のことを忘れて。その瞬間から、新しい人生で出会った人全員に感謝したがっているかのようだった。

　返却ボックスから子猫をとりだしてから二十分経過していたので、わたしにはいろいろなことを考えるだけの十分な時間があった――図書館で猫を飼うことはかつて当たり前だったこと、図書館をもっと友好的で魅力的な場所にするために進行中だった計画のこと、水のボウル、えさ、猫のトイレに関する実際的な計画、わたしの胸に抱かれ、わたしの目をみあげたときの子猫の信頼しきった表情。したがって、とうとう誰かがこうたずねたとき、わたしの心はすっかり決まっていた。「この子をどうしたらいいの？」

「そうね」わたしはたった今思いついたかのように答えた。「たぶん、ここで飼えるんじゃないかしら」

完璧な新入り

この子猫についていちばん驚かされたのは、最初の一日目からとても楽しそうだったことだ。新しい環境に置かれ、抱きしめたり、なでたり、あやしたりしたがる見知らぬ人間に囲まれていても、彼は落ち着き払っていた。手から手へ何度となく渡されても、どんな格好で抱かれても、まったくびくついたり、そわそわしたりしなかった。嚙《か》もうとしたり、逃げようとしたりもしなかった。それどころか、どの人間の腕にもうっとりと抱かれ、相手の目をじっとみあげたのだ。

それはたいした手柄《てがら》だった。というのも、わたしたちはかたときも彼を一人にしなかったからだ。誰かが彼を下に置くと——たとえば、やらなくてはならない仕事があって——たちまち少なくとも五組の手がさっと伸ばされ、彼をやさしく抱きあげた。その晩、閉館時間に彼を床におろし、食べ物の皿とトイレまで歩いていけるかどうか、五分ほど見守って確認しなくてはならなかったほどだ。その日一日、しもやけの哀れな足は一度も床にふれなかったのではないかと思う。

翌朝、ドリス・アームストロングが暖かいピンク色の毛布を持ちこんだ。ドリスはスタッフのおばあちゃん役、母鳥だった。彼女がかがみこんで子猫のあごの下をかき、毛布をたたんでダンボール箱に敷くのを全員が見守っていた。子猫はおそるおそる箱にはいり、暖まろうとして体の下に脚を折りたたんだ。うっとりと満足そうに目を閉じたが、わずか数秒で誰かが彼をすくいあげ、腕に抱きあげてしまった。わずか数秒だったが、それで十分だった。スタッフの意思がひとつになったのだ。これで全員が子猫の寝場所を作ってやり、家族として一致団結した。子猫は子猫で、図書館を喜んでわが家と考えているようだった。

昼近くになってようやく、わたしたちはスタッフ以外の人間に小さな坊やをみせた。その人物とはメアリー・ヒューストン、スペンサーの地元の歴史家で、かつ図書館理事会のメンバーだった。スタッフはすでに子猫を受け入れていたかもしれないが、彼を飼うことはわたしたちだけで決められなかった。前日、わたしは市長のスクイージ・ジョンソンに電話した。彼は任期が今月で切れることになっている。予想どおり、市長は気にしなかった。スクイージは読書家ではない。スペンサーに図書館があることを知っているかどうかすら怪しいものだ。二番目に電話した市の顧問弁護士は、図書館に動物を禁じる規則はまったく知らなかったし、それを探すためにわざわざ時間を費やす気もなかった。わたしにとってはそれで十分だった。最終決定権は、図書館を監督するために市長によって任命された市民の一団、図書館理事会が握っていた。彼らは図書館猫のアイディアに反対はしなかったが、熱心に支持したわけではなかった。彼らの反応は「まあ、すてき、百パーセント応援しますよ」というより「まあ、試してみたら」に近かった。

それゆえ、メアリーのような理事会メンバーは重要だった。図書館で動物を飼うことに同意するのと、この動物を飼うことに同意するのとではまったくちがう。かわいい猫ならどれでも図書館に置けるわけではない。人なつこくなかったら、敵を作ってしまうだろう。忍耐心がなければ、噛むかもしれない。気ままだったら、騒ぎを起こしかねない。それに、なによりも、その猫はみんなに愛されなくてはならないし、彼もお返しに人々を愛さなくてはならない。ようするに、それらの条件を満たす猫でなくてはならないのだ。

わたしたちの坊やについては、疑問の余地がなかった。最初の朝、彼がわたしの目をみあげた瞬間から、その落ち着きといい、満足ぶりといい、彼は図書館にぴったりだと確信した。わたしが腕に抱いたとき、彼はまったくびくつかなかった。一瞬たりともおびえた表情がよぎることはなかった。彼はわたしを心から信頼した。スタッフ全員を心から信頼した。そこがこの猫のとても特別なところだった。完全な揺るぎない信頼。そして、そのせいで、わたしも彼を信頼したのだ。

ただし、メアリーをスタッフエリアに招きいれたとき、少々緊張していなかったわけではない。子猫を腕に抱き、彼女のほうを向いたとき、心臓がバクバクし、一瞬、不安が胸をよぎった。実は初めて子猫がわたしの目をのぞきこんだとき、もうひとつのことも起きていた。わたしたちのあいだに絆《きずな》が生まれたのだ。わたしにとって、彼はただの猫以上の存在だった。たった一日しかたっていなかったが、すでにわたしは彼なしの生活など考えられなくなっていた。

「あら、この子ね」メアリーはにっこりして叫んだ。彼女が子猫の頭をなでようと手を伸ばすと、わたしは彼をちょっぴりきつく抱きしめた。だが、子猫は体をこわばらせることもなかった。それどころか、彼は首を伸ばし、メアリーの手を嗅《か》いだ。

「あらまあ、ハンサムな猫ね」彼女はいった。

ハンサム。それから数日、その言葉を何度も何度も耳にした。彼を表現するにはその言葉しかなかったからだ。彼はハンサムな猫だった。毛は鮮やかな赤茶色と白が混じり、少し濃い縞《しま》がわずかに入っている。成長するにつれて全体的に長くなったが、子猫のときはもこもこしていて、首の周囲だけおしゃれに長くなっていた。鼻が尖《とが》っていたり、口が少々突きだしていたり、顔がゆがんだりしている猫はたくさんいるが、この子猫の顔は完璧に均整がとれていた。そして、その目は大きく金色だった。

だが、彼が美しくみえたのは外見のせいだけではなく、性格のせいでもあった。あなたが少なくとも猫に関心があるなら、彼を抱いてみればわかるだろう。その顔つきや、こちらをみるまなざしには、愛情をかきたてられる何かがあった。

「あやされるのが好きなんです」わたしはいって、そっとメアリーの腕に子猫をすべりこませた。「いえ、あおむけに。そうです。赤ちゃんみたいに」

「五百グラム足らずの赤ちゃんね」

「そんなにあるかどうか」

子猫は尻尾を振り、メアリーの腕におさまった。本能的に図書館のスタッフを信頼しただけではなく、誰でも信頼するようだった。

「ああ、ヴィッキー、かわいい猫ね。名前は何というの?」

「デューイと呼んでます。デューイ図書十進分類法にちなんで。でも、実はまだちゃんと名前をつけてないんです」

「ハイ、デューイ。図書館は好き?」デューイはメアリーの顔をしげしげとみつめ、頭を彼女の腕に押しつけた。メアリーは笑顔で顔をあげた。「一日じゅうでも抱っこしていたいわ」

だがもちろん、彼女はそんなことはしなかった。デューイをわたしの腕に戻し、わたしは彼をスタッフルームに連れ帰った。スタッフ全員がわたしたちを待っていた。「うまくいったわ」わたしは報告した。「これで第一関門突破だけど、乗り越えなくちゃならないことが、まだまだたくさんあるわね」

じょじょに、猫好きで有名な図書館の利用者たちにデューイを紹介していった。彼はまだ弱っていたので、直接彼らの腕にデューイを抱かせた。マーシー・マッケイはその二日目にやってきた。たちまち魅了されたようだった。マイク・ベアと妻のペグはデューイをすっかり気に入った。「すばらしいアイディアですね」二人はいったが、マイクは図書館理事会のメンバーだったので心強い言葉だった。パット・ジョーンズとジュディ・ジョンソンはかわいらしい子猫だといった。

一週間後、《スペンサー・デイリー・レポーター》の一面に、デューイの記事がこんな見出しで掲載された。「スペンサー図書館にすてきニャ新入り」紙面の半分がさかれた記事は、デューイの奇跡的な救出について書かれ、旧式な引き出し式のカード目録棚の上から、カメラを恥ずかしそうに、だが自信たっぷりにみつめている小さな赤茶色の子猫のカラー写真が載っていた。

宣伝は危険なものだ。一週間、デューイは図書館スタッフと選ばれた少数の利用者のあいだの秘密だった。図書館にこなかったら、彼のことを知らなかっただろう。いまや町の全員が知っていた。図書館の定期的な利用者を含め、大半の人間がデューイのことを何とも思わなかった。だが、彼の登場にわくわくした、ふたつのグループがいた。猫愛好家と子どもたちだ。子どもたちの笑顔と興奮と笑い声だけで、わたしはデューイを図書館に置いてよかったと確信できた。

かたや苦情を申したてる人間がいて、少々落胆したことは認めねばならないが、驚きはしなかった。神の創りたもうた青い地球には、文句をつけられないものは存在しないのだ、当《とう》の神と地球を含めて。

ある女性はとりわけ立腹した。わたしと市議会のメンバー全員に送られてきた手紙は、まさに火のように怒っているもので、突然の気管支喘息《ぜんそく》の発作で倒れる子どもたちや、子猫のトイレ砂にふれて流産する妊婦の姿がつづられていた。その手紙によると、わたしは頭のおかしな殺人者で、これから生まれてくる子どもも含め、町じゅうの子どもたちの健康を危険にさらしているばかりか、地域社会の建物をだいなしにしているということだった。動物を！　図書館に！　そんなことを許せば、グランド・アヴェニューで雌牛を散歩させる人間をどうやってとめるのか？　実際、彼女は近いうちに図書館に雌牛を連れていくと脅《おど》していた。幸い、彼女のいうことを真《ま》に受ける人間はいなかった。きっと彼女は独特の大げさな口調で、地域の人々の代弁をしたにちがいない。しかし、一般論的な怒りは心配していなかった。わたしの知る限り、そういう人たちは誰一人としてこれまで図書館にきたことがないのだ。

もっと重要だったのは、不安そうな電話だった。「うちの子はアレルギーなんです。どうしたらいいんですか？　うちの子は図書館が大好きなんですよ」それがもっとも一般的な心配だと承知していたので、ちゃんと準備をしていた。一年前、ニューヨーク州北部のパットナム・ヴァレー図書館でかわいがられていた猫のマフィンが、図書館理事会のメンバーが重症の猫アレルギーを発症して、追放されてしまったのだ。その結果、図書館は約束されていた八万ドルの寄付金を失った。それはほとんど地元住民の財布からでることになっていた。わたしは猫にも、図書館にも、マフィンの二の舞を演じてほしくなかった。

スペンサーにはアレルギー患者はいなかったので、二人の内科医にアドバイスを求めた。スペンサー公共図書館は、高さ一・二メートルの書棚の列で仕切られている広々とした開放スペースだった。スタッフエリア、わたしのオフィス、備品棚は簡易間仕切《まじき》りで仕切られ、天井とのあいだが一・八メートルほど空《あ》いている。その間仕切りにはドアの大きさの開口部がふたつあり、どちらにもドアがなかったので、常に通り抜けられた。スタッフエリアすらオープンスペースで、背中あわせにデスクが置かれ、書棚で仕切られていた。

このレイアウトだと、いつでもデューイはスタッフエリアの避難所にすぐに逃げこめるばかりか、アレルギーの原因になる抜け毛などがたまるのを防ぐことができる、と医師はいった。どうやら図書館はアレルギーを防ぐために、うってつけの設計になっているようだった。スタッフの誰かがアレルギーだと問題だったかもしれないが、一日おきに二、三時間猫のいる空間にいたからといって、なんら心配する必要はない、と医師は保証してくれた。

不安になって電話をかけてきた人たちには、わたしが個人的に話し、この専門家の査定をきかせた。もちろん、親たちは懐疑《かいぎ》的だったが、大半が試しに子どもたちを図書館に連れてきた。訪問のたびに、わたしはデューイを腕に抱いて出迎えた。両親がどう反応するかはもちろん、デューイがどう反応するかも予想がつかなかった。子どもたちは彼に会いたくてひどく興奮していたからだ。母親は静かにしなさい、お行儀《ぎょうぎ》よくしなさいと注意した。子どもたちはゆっくりと、慎重に近づいてきて、ささやきかけた。「ハイ、デューイ」それから、キーキー声で歓声をあげるので、母親は「もう十分」といってすばやく連れ去るのだった。デューイは騒々しさを気にしなかった。みたこともないほど落ち着いた子猫だった。かえって、子どもたちがなでることを禁じられたらがっかりしただろう。

だが数日後、ある家族が今度はカメラを手に戻ってきた。そして、今回はアレルギーをもつ小さな男の子、母親にとって不安の対象が、デューイのかたわらにすわり、猫をなでているところを母親が写真に撮った。

「ジャスティンはペットを飼えないんです」母親はいった。「この子がそのことをどんなに残念がっているのか知りませんでした。もうデューイに夢中なんですよ」

わたしもすでにデューイに夢中だった。全員がデューイを愛していた。彼の魅力にあらがえるだろうか？　彼は美しく、愛らしく、社交的だった——まだ小さなしもやけの足をひきずって歩いていたが。信じられないことに、デューイもわたしたちをとても愛してくれていた。見知らぬ人といっしょでも、とても居心地がよさそうにみえた。彼の態度はこういっているかのようだった。「猫を愛せない人なんているの？　というか、ぼくを愛せない人なんているの？」じきに気づいたのだが、デューイは自分を他の猫と同じだとは考えていなかった。彼は常に自分自身を特別な存在だと考えていたのだ。

デューイ・リードモア・ブックス

デューイは幸運な猫だった。凍えるような図書館の返却ボックスで生き延びただけではなく、彼を愛してくれるスタッフの腕に抱きしめられ、しかも図書館は彼を世話するのにうってつけの設計だった。デューイがきわめて楽しい人生を送った、ということについては疑いの余地はない。だが、スペンサーもまた幸運だった。なぜならデューイは絶好のタイミングでわたしたちの生活に入りこんできたからだ。その冬はとびぬけて寒かっただけではない。スペンサーの歴史で最悪の時期だったのだ。

大都会に暮らしている人たちは、一九八〇年代の農業危機を覚えていないかもしれない。それでもウィリー・ネルソンとチャリティー・コンサート、ファーム・エイドのことはきいたことがあるだろう。家族経営の農場がつぶれた記事や、全国的に小規模の農家から大規模の工場化した農場へと移行している、という記事は読んだだろう。大規模農場では何十キロにもわたって建物ひとつなく、農場労働者すら見当たらない。しかし大半の人々にとって、それはただの過去で、直接には関係のないことだった。

スペンサーでは、それを肌で感じることができた。空気に、地面に、言葉のはしばしに。わたしたちには堅実な製造業の基盤があったが、やはり農業の町だった。住民たちは農家を支え、農家に支えられていたのだ。そして、農場では混乱が起きていた。付近には知り合いの一家がたくさんいた。何世代にもわたってこの地域で暮らしてきた一家なので、わたしたちの目にも重圧がはっきりわかった。まず、新しい部品や機械を買いにやってこなくなり、自分で修理をするようになった。やがて必需品を節約するようになった。しまいには、記録的な豊作によって帳簿の帳尻《ちょうじり》があうことを期待して、ローン返済をやめた。奇跡が起きないと、銀行が担保権を行使した。アイオワ北西部のほぼ半数の農家が、一九八〇年代には担保《たんぽ》権を行使された。新しい所有者の多くは巨大農業コングロマリットで、州外の投資家か保険会社だった。

農業危機は、一九三〇年代に中西部を襲った砂嵐のような天災ではなかった。主として、経済的災厄だった。一九七八年、クレイ郡の農地は一エーカー九百ドルで売られていた。やがて土地の価格が上昇しはじめた。一九八二年に、農地は一エーカー二千ドルで売られた。一年後、それは四千ドルになった。農夫たちは借金をして、さらに土地を買った。土地の価格がずっと上昇しつづけるなら、農地をたがやすよりも、数年おきに土地を売ったほうがもうかるのは当然だ。

そのとき景気が破綻《はたん》した。土地の値段は下がりはじめ、銀行はお金を貸さなくなった。農夫たちは新しい機械を買うために、土地を担保に借金ができなくなった。植え付けシーズンのために新しい種を買うことすらむずかしくなった。穀物の価格は古いローンをまかなえるほど高くなかった。ローンの多くは年利二十パーセント以上だったのだ。仮のどん底と希望を何年か味わったすえ、四、五年後に本物のどん底に落ちたが、経済的打撃は農夫たちをさらにひきずりおろしていった。

一九八五年、大手のバターとマーガリンの製造会社、ランドオレイクスが町の北端にある工場を閉鎖した。たちまち、失業率は十パーセントになった。ただし、スペンサーの人口がわずか二、三年で一万一千人から八千人に減ったことを知るまでは、そのことも重大には思えなかった。一夜にして家の価格が二十五パーセント下落した。人々は職を探すために郡を、さらにはアイオワ州をでていった。

農地の価格はさらに急降下して、さらに多くの農夫が抵当権を行使された。だが、土地を競売にかけても、借金はすべて返せなかった。銀行がその損失をかぶることになった。といっても小さな町に支えられた地方銀行だ。彼らは地元の農夫に、よく知っている信頼していた人たちにお金を貸していた。農夫たちがお金を支払えないと、そのシステムは崩壊した。アイオワじゅうの町で、銀行がつぶれた。中西部のいたるところで、たくさんの銀行がつぶれたのだ。スペンサーの貯金やローンは二束三文《にそくさんもん》でよそ者に売られ、新しい経営者は新しいローンを組みたがらなかった。経済は停滞した。一九八九年になっても、スペンサー市内では一軒の建築許可も申請されなかった。一軒もだ。死にかけている町に、誰もお金をつぎこみたくなかったのだ。

毎年クリスマスには、スペンサーにサンタクロースがやってきた。小売店がラッフルくじのスポンサーになり、ハワイ旅行を賞品としてだした。一九七九年には一軒も休業している店はなく、サンタが店に顔をだした。一九八五年には、ダウンタウンで二十五軒の店が休業していた。およそ三十パーセントの割合だ。ハワイ旅行も提案されなかった。サンタすら町にきたがらなかった。こんなジョークが駆けめぐったほどだ。スペンサーのダウンタウンを最後にでていく店主は、どうか電気を消してくれ。

図書館ではできるだけのことをした。ランドオレイクスが町をでていったあと、わたしたちは職業紹介コーナーを館内に作って、町のすべての仕事をリストアップし、仕事の技能、職業の説明、技術訓練について書かれた本を紹介した。パソコンを設置し、地元の人間が履歴書や手紙を書けるようにした。それは、ほとんどの人にとって初めて目にしたパソコンになった。職業紹介コーナーをとてもたくさんの人々が利用していることには気がめいった。ただし、職についている司書の気がめいるなら、解雇された工場労働者、破産した小規模事業主、仕事のない農場労働者の気持ちはどんなだっただろう。

そこにデューイが登場したのだ。それがターニングポイントだったと、ことさら強調はしたくない。というのも、デューイは誰かを飢えから救ったわけではないからだ。仕事を提供したわけでもない。経済状況を変えたわけでもなかった。だが、つらい時代に最悪のことは、精神に及ぼす影響だ。つらい時代はエネルギーを奪いとってしまう。思考を占領してしまう。生活のすべてに影響力をふるう。悪いニュースはかびたパンと同じぐらい毒だ。少なくとも、デューイは気晴らしになった。

だが、彼はそれ以上の存在だった。デューイの物語はスペンサーの人々の心を揺すぶった。みんなが共感を覚えた。みんなが銀行によって、図書館の返却ボックスに放りこまれたようなものなのでは？　外部の経済的影響力によって。われわれの作った食べ物を食べていながら、それを育てている人間のことは一顧だにしないアメリカの他の連中によって。

そこに、凍えるような返却ボックスに放りこまれた野良猫が登場する。彼はおびえ、独りぼっちで、必死で生きようとしている。暗い夜を生き延びると、その恐ろしいできごとは彼にとって生涯最高のできごとに転じた。どんな状況にあっても、彼は信頼を失ったことも、人生に対する感謝を忘れたこともなかった。彼は謙虚《けんきょ》だった。いや、謙虚というのはふさわしい言葉ではないかもしれない――なんといっても猫なのだから――だが、傲慢《ごうまん》ではなかった。自信は持っていた。死に直面した者ならではの自信だろう。生の終わりに近づき、希望を捨て、そしてまた生還したときにみいだす静穏さ。デューイと出会った瞬間にわかったのは、彼がどういうことであれ、うまくいくと信じていることだった。

そして彼がそばにいると、他の人間もそう信じる気になった。デューイが自分の足で図書館を探検できるぐらいに回復するまで、十日かかった。そして探検が終わってみると、デューイは本、書棚、その他の無生物には興味がないことが判明した。彼の関心の対象は人間だった。図書館に利用者がいると、デューイはまっすぐその人に近づいていく――痛む足のせいでゆっくりだが、もうひきずってはいなかった――そして相手のひざに飛びのるのだ。たびたび払いのけられたが、拒絶されてもくじけなかった。デューイは寝そべるひざと、なでてくれる手を求めては、いろいろなひざに飛びのりつづけた。すると状況が変わりはじめたのだ。

最初にわたしが気づいたのは、雑誌をめくったり、本をながめたりするために、図書館にしばしばやってくる年輩《ねんぱい》の利用者の変化だった。デューイがいっしょに過ごすようになると、彼らはもっと頻繁に足を運び、もっと長時間、図書館で過ごすようになったのだ。身だしなみがよくなり、外見に前より気をつかうようになった人たちもいた。これまでもいつもスタッフに愛想《あいそ》よく手を振ったり、おはようと声をかけたりしてくれたが、いまでは話し込むようになった。話題はいつもデューイのことだった。彼らはデューイについて飽きることなく語った。今では図書館でただの暇つぶしをしているのではなかった。友人たちを訪ねてきているのだった。

ある年輩の男性は毎朝同じ時刻にやってきて、同じ大きな居心地のいい椅子にすわって、新聞を読んだ。奥さんは最近亡くなり、一人暮らしだときいていた。わたしは彼が猫好きだとは思っていなかったが、デューイが初めてひざにのぼった瞬間から、満面に笑みを浮かべた。彼は新聞を読むときにもはや一人ではなくなったのだ。「ここで暮らして幸せかい、デューイ?」老人は毎朝たずねては、新しい友人をなでてやった。デューイは目を閉じて、たいてい眠りこんだ。

また、職業紹介コーナーに頻繁にやってくる男性がいた。個人的には知り合いではなかったが、彼のようなタイプなら知っていた——誇りが高く、勤勉——そして彼が悩んでいることも知っていた。職業紹介コーナーを利用している大半の男性と同じように、彼もスペンサー出身で、農夫ではなく工場労働者だった。彼の仕事探しの服装は元の仕事場での服装、ようするにジーンズとありふれたシャツで、パソコンは一度も使ったことがなかった。彼は参考図書を読んだ。仕事のリストに目を通した。スタッフには決して助力を求めなかった。物静かで、落ち着いていて、うろたえることもなかったが、何週間もたつにつれ、丸めた背中や、いつもきれいにヒゲをそられた顔のしわが深くなったことに、ストレスが読みとれるようになった。毎朝、デューイは彼に近づいていったが、彼はいつも猫を押しのけた。そんなある日、デューイが彼のひざにすわっているのを目撃した。そして何週間ぶりかで彼は笑顔になっていた。まだ背中は丸かったし、目は悲しげだったが、笑みを浮かべていたのだ。おそらくデューイにはたいしたことはできなかったが、一九八八年の冬に、まさにスペンサーの町が求めていたものを与えたのだと思う。

こうして、わたしたちの子猫を地域社会に仲間入りさせた。実をいうとスタッフは、彼がわたしたちの猫ではないことを理解していた。彼はスペンサー公共図書館の利用者のものだった。正面ドアのそば、ちょうど職業案内コーナーのわきに箱を置き、人々にこう呼びかけた。「あなたのひざにすわっている猫は履歴書を書くのを手伝っていることをご存じですか？　あなたといっしょに新聞を読んでいることを？　あなたのバッグから口紅をくすねたり、小説セクションをみつける手伝いをしてくれたりすることを？

ええ、彼はみなさんの猫です。ですから彼を名づける手伝いをしてください」

わたしは図書館長になってまだ半年しかたっていなかったので、コンテストに熱心だったのだ。数週間ごとにわたしたちはロビーに箱を置いてコンテストを催し、地元のラジオ局で放送し、優勝者に賞品をだすと知らせ、最新の図書館報でも興味をかきたてようとした。いい賞品がでる、いいコンテストなら、五十件の応募があるかもしれない。賞品がテレビなど高額なものなら、七十件ぐらいになるかもしれない。たいていの場合は、せいぜい二十五件ぐらいだ。子猫名づけコンテストは、ラジオ局で発表しなかった。定期的な図書館利用者だけに参加してほしかったからだ。しかも、それは賞品すら提供しなかったのに、三百九十七件もの応募があった！　そのとき、図書館は重要な企《くわだ》てにのりだしてしまったことに気づいた。デューイに対する地域社会の関心は、はかりしれないほど大きかったのだ。

ラザーニャ好きのガーフィールドが人気絶頂の時期だったので、ガーフィールドという名前は人気を集めた。タイガーにも九票はいった。ティガーも同じぐらいの人気だった。キャットフードの宣伝猫にちなんだモリスも複数の票を集めた。文化的な匂いのするアルフ（テレビショーの主人公のかわいい異星人の着ぐるみキャラクター）やスパッズ（ビールのコマーシャルに登場する酒飲みの犬）にも投票があった。ノミ袋とか、悪意のこもった名前も少数だがあった。うまいのか悪趣味なのか紙一重の名前もいくつかあった。たとえば、キャットガング・アマデウス・タフィ（モーツァルトのもじり？）、レディバグ（テントウムシ）をもじったレディブックス（雄猫にはおかしな名前だ）。

五十票以上を集め、ダントツで人気があったのはデューイだった。どうやら利用者たちはすでにこの子猫に夢中になっていて、名前を変えてもらいたくなかったようだ。そして正直にいうと、スタッフも同感だった。わたしたちも、今のままのデューイに慣れてしまっていた。

それでも、その名前にひと工夫ほしかった。いちばんいいのは苗字《みょうじ》を考えることだろう、と結論をだした。わたしたちの児童書担当の司書、メアリー・ウォークはリードモアを提案した。当時アニメは子ども向けのものだけで、土曜日のお昼前にのみ放送されたが、番組のあいだに流れるコマーシャルにO・G・リードモアというアニメの猫が登場して、子どもたちに「本を読んで、頭のなかでテレビをごらん」と勧めるのだった。リードモア（もっと本を読もう）という名前は、そのせりふに由来しているにちがいなかった。デューイ・リードモア。なかなかいいが、もうひと息。わたしはブックスという苗字を提案した。

デューイ・リードモア・ブックス。ひとつはデューイ十進法で働いている図書館員のため。そして子どもたちのため。さらにはみんなのため。

わたしたちはもっと本を読むかな《リードモア・ブックス》？　挑戦だった。全員にもっと学ぼうという気にさせる名前。まもなく町全体がもっと本を読み、もっと知識を得ようという気になるだろう。

デューイ・リードモア・ブックス。三つの名前が、わたしたちのりっぱな自信にあふれた美しい猫につけられた。思いついていたら、デューイ・リードモア・ブックス卿《きょう》と名づけていたにちがいないが、わたしたちは図書館員というだけではなく、アイオワ出身だった。いかめしいのは苦手なのだ。それにデューイもそうだった。彼はいつもデューイという名前だけで、ときにはただ「デュー」と呼ばれていた。

図書館での一日

　猫は習慣の動物である。デューイもまもなく日々の日課を確立した。毎朝わたしが図書館にいくと、彼は正面ドアの前で待っている。わたしがジャケットとバッグをかけているあいだに少し朝ごはんを食べ、それからいっしょに図書館内を歩きながら、すべてがしかるべき場所にあるかどうか確認し、ゆうべのことを語り合う。デューイはしゃべるよりも匂いを嗅ぐことに熱心だが、わたしは気にしない。朝いちばんにはとても寒くて死んでいる図書館は、その頃には生き返り、居心地がいい。

　散歩のあとで、デューイはスタッフを訪ねる。誰かが不機嫌だと、デューイは彼女のところで他の人よりも長めに過ごす。ジーン・ホリス・クラークは最近結婚して、エスターヴィルから図書館まで四十五分かけて通勤している。それで彼女は疲れきっていると思うかもしれないが、ジーンはまったく動じなかった。彼女を悩ませているただひとつのことは、二人のスタッフのあいだの摩擦《まさつ》だった。翌朝出勤したときにも、ジーンがその緊張を抱えたままだと、デューイはいつも彼女を慰めた。彼には自分を必要としている相手を察知する驚くべき能力があり、いつも喜んで時間をさいた。だが時間をかけすぎることは決してない。九時二分前になると、デューイは何をやっていても中断して、正面ドアに走っていくのだ。

ある来館者は、九時にわたしたちがドアを開けると、いつも外で待っていた。彼女は必ず「ハイ、デューイ。今朝はご機嫌いかが？」と暖かい挨拶をして入ってくる。ようこそ、ようこそ、と彼がドアの左手の定位置でいっているのが想像できる。「ぼくをなでてみたら？」

反応はない。早起きの人はたいてい理由があってやってくるので、たちどまって猫とおしゃべりする暇《ひま》はないのだ。

「なでないの？　いいとも。あなたがきたところから――どこだか知らないけど――いつも別の人がくるから」

まもなくデューイは誰かのひざを発見する。彼はすでに二時間も起きていたので、そろそろうたた寝をする時間になっている。デューイは図書館にもうすっかりなじんでいたので、公共の場所で眠ることを気にしなかった。もちろんひざのほうが好きだったが、利用できないときは箱の中で丸くなった。分類カードは赤ん坊の靴用ぐらいの大きさの箱にはいって届けられる。デューイはわずか十二センチ四方のその箱にもぐりこみ、両わき腹を箱のへりからはみださせて寝そべるのが好きだった。箱がもう少し大きいと、底に頭と尻尾も埋《う》めた。こちらからみえるのは、てっぺんから突きでている丸い背中の毛だけだ。それはマフィンそっくりにみえた。ある朝、デューイがカードのぎっしりはいった箱の隣で寝ているのを発見した。片方の前足だけが箱にはいっていた。それしかスペースがないことをしぶしぶ納得するまで、おそらく何時間もかかったことだろう。

その後まもなく、デューイが半分空《から》になったティッシュボックスにゆっくりとはいろうとするのを目撃した、まず、てっぺんのスリットから前足をいれ、後ろ足もぴょんと中にいれた。ゆっくりとしゃがむと、箱にねじこむようにおしりを後ろにずらしていった。それから前足を曲げて、体の前半部分を隙間に押しこんだ。その作業に四、五分かかったが、とうとう頭が片側から突きだし、もう片方から尻尾がでているだけになった。半眼《はんがん》になって遠くをみつめ、世界が存在しないふりをしている彼を、わたしは笑いをこらえながらながめていた。

当時、アイオワでは税金申告書つきの封筒をくばっていたので、図書館では利用者のためにいつもそれを箱にいれておいた。デューイは最初の冬の半分を、その箱で丸くなって過ごしたようだ。「封筒が一枚ほしいんですけど」利用者たちは困ったように訴えたものだ。「でも、デューイを起こしたくないので。どうしたらいいでしょう？」

「ご心配なく。彼は眠っていますから」

「だけど、起こしてしまいませんか？　箱のてっぺんで寝ているんです」

「いいえ、まさか。デューイは絶対に起きませんよ」

利用者はそっとデューイを横にどかすと、必要以上に慎重に封筒を引き抜いた。もっとも、たとえ、マジシャンがディナーセットの下からテーブルクロスを引き抜くみたいに、勢いよくひっぱっても大丈夫だっただろう。

「封筒に猫の毛がついてますよ、無料で」

デューイのもうひとつのお気に入りの寝場所は、コピー機の裏側だった。「ご心配なく」困惑している利用者にわたしは説明した。「起きませんから。そこで寝ているのは暖かいからです。コピーをとればとるほど、機械は熱を発して、彼はもっと幸せな気分になれますよ」

利用者がデューイに対してどうふるまったらいいかとまどっていても、スタッフにはそういう躊躇《ちゅうちょ》はなかった。わたしの最初の決断は、図書館基金はたとえ一セントでも、デューイの世話に使わないというものだった。そのかわり、奥の部屋にデューイ・ボックスを置いた。スタッフ全員が小銭をそこに投げ入れた。スタッフの大半は家からソーダ缶を持ってきた。ソーダ缶のリサイクルは人気だったので、事務員の一人、シンシア・ベアレンズが毎週回収場所に缶を運んでいった。スタッフ全員が子猫を養うために、共同出資していたのだ。

こうしたささやかな協力に対するごほうびとして、わたしたちは無限の喜びを与えられた。デューイは引き出しが大好きで、まったく予想していないときに、引き出しから飛びだす癖《くせ》があった。書棚に本を並べていると、彼はカートに飛びのり、図書館じゅうを移動するように要求する。そして図書館の秘書、キム・ピータースンがタイプし始めると、ちょっとした見物《みもの》の始まりだった。キーの音がきこえるやいなや、わたしは仕事を置いて、合図を待ちかまえた。

「デューイがまたカタカタ鳴るあれを追いかけてます！」キムが叫ぶのだ。

わたしがオフィスから急いで飛びだしていくと、デューイはいつも、キムの大きな白いデイジーホイール・タイプライターの背面側にしゃがみこんでいた。活字のディスクが左から右に移動するのにあわせて、彼の頭は左右にガクガク揺れ、それを繰り返している。しまいには我慢しきれなくなり、カタカタ鳴る〝あれ〟、つまり持ちあがって紙をたたくキーに飛びつくのだった。スタッフ全員がそこに現われ、見物しながら笑っていた。デューイのおどけた仕草は、いつも人を招き寄せた。

これは小さくないごほうびだった。図書館の人間たちはみんな善良だったが、長年のあいだに分裂したり、徒党《ととう》を組んだりすることもあった。わたしたちよりもずっと年上で賢いドリス・アームストロングだけは、全員と上手に仲良くしていた。スタッフエリアの中央に彼女は大きなデスクを置いて、新しい本すべてにビニールの保護カバーをかける。ドリスのユーモアと明るい励ましは、わたしたちを団結させてくれた。また彼女はとても猫好きだったので、まもなく彼女のデスクはデューイのお気に入りの場所になった。午前なかばにはたいていそこに寝そべり、ドリスの大きなビニールシートにじゃれかかったり、スタッフ全員の注目の的になったりして、共通の友人としてふるまっていた。ついに、わたしたちにはわかちあえるものができたのだ。さらに重要なのは、彼がスタッフの子どもたち全員の友人でもあったことだ（ドリスの場合は孫だったが）。具体的なことは何も起きなかった――たとえば、誰も何かの問題について謝罪したり議論したりしなかった――だが、デューイがやってきてから、緊張がやわらぎはじめた。わたしたちはよく笑うようになった。以前よりも楽しかった。デューイはわたしたちをひとつにまとめてくれたのだ。

だがデューイはどんなに楽しんでいても、自分の日課を忘れなかった。きっかり十時三十分になると、ぱっとたちあがり、スタッフルームをめざした。ジーン・ホリス・クラークは休憩にヨーグルトを食べた。そしてデューイがうろついていると、蓋をなめさせてやった。ジーンは物静かで勤勉だったが、さまざまな方法でデューイに便宜《べんぎ》をはかってやった。デューイは休憩したくなると、書類をファイルしているジーンの左肩に、だらんと寝そべった——左側の肩だけで、決して右肩は利用しなかった。数カ月たつと、デューイはもう腕に抱かれてあやされようとはしなくなった（あまりにも赤ん坊みたいだったからだろうと推測している）。そこでスタッフ全員が、ジーンみたいに肩に寝かせるテクニックを身につけた。わたしたちはそれをデューイ・キャリーと呼んだ。

デューイはわたしが休憩する手助けもしてくれた。つい働きすぎてしまうので、それはありがたかった。何時間もデスクにかがみこみ、予算の数字や報告書に集中していると、デューイがわたしのひざに寝そべるまで気づかないことさえあった。

「元気なの、ベイビー？」わたしはにっこりして話しかける。「会えてうれしいわ」わたしは何度か彼をなでると、また仕事に戻った。デューイはそれでは満足できず、デスクによじのぼってきて、あたりを嗅ぎ回りはじめる。「あら、わたしがちょうど読んでいる書類にすわってるわよ。すごい偶然の一致ね」

わたしは彼を床におろす。彼はまたデスクに飛びあがる。「だめよ今は、デューイ、忙しいんだから」また下に置く。またポンと飛びのる。もしかしたら彼を無視したほうがいいかもしれない。

　デューイは鉛筆に頭をこすりつける。わたしは彼を押しのける。「いいとも」と彼は考える。「ペンを床に落としちゃうよ」彼はそれを実行し、一度に一本ずつ落としては、床に落下するのを観察している。わたしは思わず笑ってしまう。

「わかったわ、デューイ、あなたの勝ちよ」わたしは紙を丸めて彼のほうへ投げる。彼はそれを追いかけ、匂いを嗅ぎ、また戻ってくる。いかにも猫らしい。遊ぶけれど、決して持ち帰ってこない。わたしがそこまで歩いていき、紙を拾い、さらに何度か投げてやる。「まったく世話が焼けるわね」

　だが、冗談やゲームばかりではない。わたしはボスで、責任があった――たとえば猫をお風呂に入れること。初めてデューイをお風呂に入れたときは、自信たっぷりだった。あの最初の朝、彼はお風呂がとても気に入っていた。その次のとき、デューイは氷のかたまりを硫酸のタンクに入れたみたいにじたばたした。悲鳴をあげた。足を流しの縁《ふち》にかけて、外に這《は》いでようとした。わたしは両腕で彼を押さえつけた。二十分後、わたしはびしょ濡れになっていた。髪の毛は舌を電気ソケットに突っ込んだかのようなありさま。最後にはわたしも含め、全員が大笑いした。

　三度目のお風呂も同じようにひどかった。わたしはどうにかデューイをこすって洗うことはできたが、タオルでふいてドライヤーで乾かす忍耐心までは残っていなかった。まったくこのいかれた子猫ときたら。

「けっこうよ」わたしは彼にいった。「そんなにいやなら、いきなさい」

デューイはみえっぱりな猫だ。ちゃんとしてみえるようになるまで、一時間かけて顔を洗うだろう。いちばんおかしいのは、丸めた前足をなめ、耳に突っ込むことだった。耳が真っ白になるまで、それを繰り返すのだ。さて、ぐっしょり濡れると、デューイはかぶっていたかつらがつぶれたチワワのようにみえた。哀れっぽい姿だった。スタッフはゲラゲラ笑って写真を撮っていたが、デューイがひどく動揺したので、しばらくして写真撮影は中止になった。

「ユーモアセンスを持ちなさいな、デューイ」わたしはからかった。「自分で招いたことなんだし」彼は書棚の本の陰に丸くなって、何時間もでてこなかった。そのあと、デューイとわたしは一年に二度のお風呂で十分だという結論に達した。さらに、ドライヤーの手抜きは二度としないということでも合意した。

「お風呂なんてどうってことないわよ」わたしは彼が図書館にきてから数カ月後に、彼を専用の緑のタオルにくるみながらいった。「ちっとも好きになれないみたいね」デューイは決してケージにはいろうとしなかった。あの晩、返却ボックスにいれられたことを思い出すのだろう。図書館から連れだすときは、いつも緑のタオルにくるむだけにした。

五分後、わたしたちは町の反対側にあるドクター・エスタリーの診療所に着いた。スペンサーには数人の獣医がいた――なんといってもこのあたりは難産の雌牛、苦しがっている豚、病気の農場犬がたくさんいる地域だった――だが、わたしはドクター・エスタリーがいちばん好きだった。彼は物静かで自己主張の強くない人間で、とても慎重なしゃべり方をした。その声は低く、ゆるやかな川の流れのようにのんびりしていた。せかせかしなかった。いつもきちんとしていた。大柄な男性だったが、手つきはやさしかった。良心的で、有能だった。自分の仕事をよく知っていた。動物を愛していた。彼の権威は言葉からではなく、それを控えるところから生じていた。

「ハイ、デューイ」ドクターは彼を診《み》ながら声をかけた。

「どうしても必要だと思いますか、ドクター？」

「猫は去勢《きょせい》する必要があります」

デューイの小さな前足をみおろした。それはようやく治ったばかりだった。指のあいだから毛の房が突きだしている。「彼にはペルシャの血が混じっているんでしょうか？」

ドクター・エスタリーはデューイをみた。彼の堂々たる姿。首の周囲のふさふさした美しい長い赤茶色の毛。彼は野良猫の衣装をまとったライオンだった。

「いいや。ただのハンサムな野良猫ですよ」

わたしはそんなことを一秒だって信じなかった。

「デューイはもっとも適応できた猫の生き残りなんです」ドクター・エスタリーはいった。「彼の先祖はおそらく、あの路地に何世代も暮らしていたんでしょう」

「じゃあ、彼はわたしたちの仲間ですね」

ドクター・エスタリーはにっこりした。「そうでしょうな」彼はデューイを抱きあげ、片腕で抱えこんだ。デューイはリラックスして、ゴロゴロ喉を鳴らしていた。デューイを連れて去っていく前にドクター・エスタリーがいったのは「デューイはりっぱな猫ですよ」だった。

それはまちがいなかった。そして、早くもわたしはデューイがいないことを寂しく感じていた。

翌朝、デューイを迎えにいったとき、わたしの心はまっぷたつになった。彼はうつろな目つきをして、おなかの毛を少しそられていた。わたしは彼を抱きしめた。デューイは頭をわたしの腕に押しつけ、ゴロゴロ喉を鳴らしはじめた。旧友のヴィッキーに会えて、うれしくてたまらなかったのだ。

図書館に戻ると、スタッフが仕事を放りだして駆けつけてきた。「かわいそうなベイビー。かわいそうなベイビー」わたしはデューイをスタッフたちにまかせた――彼はわたしたち共通の友人だったからだ――そして仕事に戻った。彼をなでる手は十分に足りているようだった。それに、獣医の診療所に送り迎えしたせいで、わたしは仕事が遅れていて、やるべきことが山のようにたまっていた。この業務をちゃんとこなすには、わたしが二人必要だったが、市はその費用を絶対に払わないだろう。というわけで、わたしは仕事に打ちこんでいた。

だが、独りぼっちではなかった。一時間後、電話を切ろうとしたときに、ふと目をあげると、デューイがわたしのオフィスのドアから入ってくるところだった。デューイがスタッフ全員から愛と関心を注がれていたことを知っていたが、よろめきながらも決然とした足どりで歩いてくる姿から、わたしに何かを求めていることがわかった。

たしかに猫は楽しい存在だが、わたしとデューイとの関係は、すでにもっと複雑で親密なものになっていた。彼はとても頭がよかった。とてもいたずらだった。人間ととても上手につきあった。まだ深い絆はできていない当初から、わたしはデューイを愛していた。

そして、彼もわたしを愛してくれた。他の人間を愛しているようにではなく、特別に深い愛情を注いでくれた。あの最初の朝、わたしに向けたまなざしには意味があったのだ。本当に。彼がわたしのほうへまっすぐ進んでくるのをみて、そのことがはっきりとわかった。彼がこういうのがきこえたような気がした。「どこにいたの？　あなたがいなくて寂しかったよ」

わたしはかがんで彼を抱きあげると、胸に抱きしめた。声にだしていったのか、心のなかでいったのかわからなかったが、どちらでも同じだった。デューイはすでに、わたしの心までとはいかなくても、気持ちを読みとれるようになっていたからだ。「わたしはあなたのママよね？」

デューイはわたしの首にすりつけるようにして肩に頭を預けると、喉をゴロゴロ鳴らした。

キャットニップと輪ゴム

誤解しないでいただきたいが、デューイのすべてが完璧だったわけではない。たしかに、彼は気立てのいい美しい猫だったし、信じられないほど疑いを知らず、心が広かったが、それでも子猫だった。スタッフルームを狂ったように駆けずりまわった。たんなるいたずら心で、わたしたちがやっている仕事を床にはたきおとした。まだ幼くて本当に自分を必要としている人間がわからず、一人にしてもらいたい利用者の拒絶を受け入れようとしないこともあった。お話の時間には、デューイがいると子どもたちが騒々《そうぞう》しくなり収拾がつかなくなるので、子どもたち担当の司書メアリー・ウォークは彼を部屋から締めだした。それにマーク。マークは筋《きん》ジストロフィーをわずらっている子どもという設定の大きなあやつり人形だった。わたしたちはマークを使って、子どもたちに障害について教えた。だがマークの脚にあまりにもたくさんの猫毛がついてしまったので、とうとうクロゼットにしまわねばならなかった。デューイはひと晩かけてクロゼットの開け方を解明すると、マークのひざで眠りこんだ。翌日、わたしたちはクロゼットの鍵を買った。

だが、キャットニップ（イヌハッカ。猫が好む強い芳香を放つハーブ）にまつわる彼の振るまいにはお手上げだった。ドリス・アームストロングはいつもデューイにおみやげを持ってきてくれた。小さなボールとか、ネズミのおもちゃとか。ドリスは自分でも猫を飼っていたので、自分の猫たちのトイレ砂やえさを買いにペットショップにいくたびに、完璧な母鳥のようにデューイのことを思い出してくれたのだ。デューイの最初の夏が終わりかけたある日、彼女はまったくの好意から、新鮮なキャットニップをひと袋持ってきてくれた。デューイはその匂いに猛烈に興奮して、彼女の脚によじのぼりかねないようなありさまだった。人生で初めて、彼は何かをせがんだ。

ようやくドリスが葉を二、三枚床に置くと、デューイはおかしくなってしまった。あまり熱心に匂いを嗅《か》ぐので、床を吸いこんでしまうのではないかとひやひやしたほどだ。しばらくして、デューイはくしゃみを始めた。だが、情熱は冷めなかった。それどころか、葉を嚙《か》みはじめ、その行動を繰り返したのだ。嚙む、匂いを嗅ぐ、嚙む、匂いを嗅ぐ。筋肉が波打ちはじめ、緊張して盛りあがり、ゆっくりと背骨沿いに体の後方へと移動していった。ついに尻尾の先から緊張が解放されると、彼は床にごろんと横になり、キャットニップのあいだで体をよじりはじめた。とうとう、体から骨がなくなったかのようにくたんとなるまでころげまわった。歩くこともできず、床を這っていき、除雪機《じょせつき》のようにあごをカーペットにこすりつけながら、体を波打たせた。そうやって、じりじりと前進していった。やがて、少しずつ、ゆっくりと背骨がそりはじめ、とうとう頭が背中についてしまった。体が数字の8の形になった。体の前半分は、後ろ半分とつながってすらいないようにみえた。やがて偶然にも、おなかを下にしてたいらになると、再びじりじりとキャットニップまで這い戻っていき、またころげまわりはじめた。葉のほとんどはもはや彼の毛にこびりついていたが、匂いを嗅いでは、噛み続けた。とうとうあおむけに伸びてしまうと、後ろ足であごを蹴ろうとしはじめた。何度か空振りしたあげく、デューイはキャットニップの残骸の上で気を失った。ドリスとわたしはびっくりしながら顔を見合わせ、ふきだした。いやはや、実に滑稽《こっけい》だった。

デューイはキャットニップに飽きることがなかった。しょっちゅう古くなった葉の匂いをぼんやりと嗅いでいたが、図書館に新鮮な葉が持ちこまれると、ちゃんとわかった。そして、キャットニップを手に入れると、いつも同じことが繰り返された。波打つ背中、ころげまわること、這いずること、背中がそりかえること、そしてキック、最後には、疲れきってぼうっとした猫になる。わたしたちはこれをデューイ・マンボと呼んだ。

デューイのもうひとつの関心は――あやつり人形、引き出し、箱、コピー機、タイプライター、キャットニップに加えて――輪ゴムだった。デューイは輪ゴムには熱狂的だった。目でみるまでもなく、図書館のどこにいても嗅ぎつけることができた。デスクに輪ゴムの箱を置くなり、彼は姿を現わした。

「はいどうぞ、デューイ」わたしは新しい袋を開けながらいった。「一本はあなたに、一本はわたしに」彼は自分の輪ゴムを口にくわえると、うれしそうに走り去った。

翌朝、その輪ゴムをみつけた……彼のトイレに。汚物から頭を突きだしている蟯虫《ぎょうちゅう》のようにみえた。わたしは思った。「体にいいわけがないわ」

デューイはいつもスタッフ会議に参加したが、幸い、わたしたちが話し合っている内容までは理解できなかった。数年たつと、猫とわたしは哲学的な長い会話を交わせるようになったが、とりあえずは会議をこういう単純な注意で終えるのは簡単だった。「デューイにもう輪ゴムをあげないで。どんなにほしがっても無視してほしいの。デューイは輪ゴムを食べてしまうの。成長中の子猫にとって、ゴムは健康な食べ物とはいえないと思うわ」

翌日、デューイのトイレにはさらにたくさんの輪ゴムの蟯虫がみつかった。さらに、その翌日も。さらに、その翌日も。そこで次のスタッフ会議のときに、わたしはもっと直接的な質問をした。「誰かデューイに輪ゴムをやっている？」

いいえ。いいえ。いいえ。いいえ。いいえ。

「じゃあ、盗んでいるにちがいないわ。今後は輪ゴムをデスクに置いておかないで」いうは易《やす》く、おこなうは難《かた》し。本当に実行するのはむずかしい。図書館の中に何本の輪ゴムがあるか知ったら、きっとびっくりするだろう。輪ゴムホルダーはすべて片づけたが、問題の解決にはならなかった。輪ゴムというのはどうやら、こそこそしたやつのようだった。パソコンのキーボードの下や、ペンたての下にもぐりこんだ。デスクの下に落ちて、コードのあいだに身をひそめた。ある晩、デューイが誰かのデスクの書類をひっかきまわしている現場をつかまえた。書類をどかすたびに、輪ゴムが現われた。

「隠れた輪ゴムも片づけなくちゃならないわ」わたしは次のスタッフ会議で宣言した。「デスクを片づけて、輪ゴムを捨てましょう。忘れないで、デューイは輪ゴムの匂いを嗅ぎつけられるってことを」数日後、スタッフエリアは何年かぶりにきちんと整頓《せいとん》されたようだった。

そこでデューイは利用者向けの閲覧デスクに置き忘れた輪ゴムをあさるようになった。わたしたちはそれを引き出しにしまいこんだ。デューイはコピー機のそばでも輪ゴムをみつけた。利用者は輪ゴムをほしいと頼まなくてはならなくなった。ささやかな代償だわ、とわたしは思った。一日の大半を彼らを幸せにするために過ごしている猫のためなら。

　まもなく、わたしたちの作戦は成功のきざしをみせはじめた。トイレには相変わらず輪ゴムの蟯虫がいたが、それほど多くなくなった。そしてデューイは決然たる戦いを強《し》いられることになった。わたしが輪ゴムをとりだすたびに、彼はじっとわたしをみつめた。

「必死になっているみたいね？」

「ちがう、ちがうよ、何をしているのかみてるだけだよ」

　わたしが輪ゴムを置くなり、デューイは飛びかかってくる。彼を押しのけると、デューイはデスクにすわってチャンスをうかがっている。「今度ばかりはだめよ、デューイ」わたしはにやっとする。白状しよう、このゲームはおもしろかった。

　デューイはもっとずるくなる。こちらが背中を向けるのを待って、ついデスクに放りだしたままの輪ゴムに飛びつくのだ。輪ゴムは五分間そこにあった。人間は忘れてしまう。猫はちがう。デューイはちょっとでも開いている引き出しを記憶している。そして、夜になるともぐりこむために戻ってくるのだ。引き出しの中身をぐちゃぐちゃにしたことは一度もない。翌朝、輪ゴムだけがなくなっていた。

ある午後、わたしは天井まである備品キャビネットの前をとおりかかった。おそらく予算の数字か何かに気をとられていたので、目の隅《すみ》で開いたドアに気づいただけだった。

「たしか、今みたのは……」

わたしは回れ右してキャビネットに戻っていった。思ったとおり、デューイが目の高さの棚にすわりこみ、口から太い輪ゴムをぶらさげていた。

「デューイをとめられないよ！　ぼくは一週間はここのごちそうを楽しむつもりなんだ」

わたしは笑わずにいられなかった。全体的にデューイはみたこともないほど行儀のいい子猫だった。棚から本や飾りをはたきおとしたことは、一度もない。何かをしてはいけないというと、たいてい我慢した。まずまちがいなく、見知らぬ人間にもスタッフにも同じように親切だった。子猫にしてはとても大人だった。だが輪ゴムにかんしては、どうしても矯正《きょうせい》できなかった。輪ゴムをくわえるためなら、どこにでもいき、どんなこともした。

「ちょっと待って、デューイ」わたしは書類の束を置きながらいった。「その写真を撮るから」わたしがカメラを持って戻ってきたときには、猫と輪ゴムは消えていた。

「どのキャビネットも引き出しもきちんと閉めるようにしてね」わたしはスタッフに注

意した。デューイはすでに悪名をはせていた。キャビネットや引き出しを閉めさせ、次に誰かが開けたときに飛びつくのだ。それがゲームなのか、偶然なのかわからなかった。だがデューイは明らかにそれを楽しんでいた。

数日後の朝、わたしは正面デスクの上に、分類カードが束ねないまま積まれているのに気がついた。これまでデューイはきつくはめられた輪ゴムには手を伸ばさなかった。いまや、毎晩、それを噛み切っていたのだ。いつものように、反抗するときも気をつかった。一枚のカードも乱れないように、きちんと積まれたままにした。カードは引き出しにしまわれた。引き出しはきっちり閉められた。

一九八八年の秋には、スペンサー図書館じゅうを丸一日探しても、輪ゴムはみつからなかっただろう。ああ、もちろん輪ゴムは存在したが、人の手だけが届く場所に隠されていた。図書館は美しくみえ、わたしたちは自分たちの達成を誇らしく感じた。ただひとつ問題があった。デューイは相変わらず輪ゴムを食べていたのだ。

わたしは敏腕《びんわん》の捜査チームを組織して、あらゆる手がかりを追った。デューイの最後の供給源を発見するのに二日かかった。メアリー・ウォークのデスクのコーヒーマグだった。

「メアリー」わたしは出来の悪いテレビドラマの刑事のようにノートをめくりながらい

った。「輪ゴムはあなたのマグのものだと、信じる理由があるの」

「ありえないわ。デューイがわたしのデスクに近づくのは一度もみかけたことがないもの」

「容疑者はわたしたちの追跡をかわすために、わざとあなたのデスクを避けていたことが証拠から推測されるの。夜にだけマグに近づいているにちがいないわ」

「どういう証拠？」

わたしは床にある嚙み切られた輪ゴムの小さな切れ端を指し示した。「デューイは輪ゴムを嚙んで、吐きだしているの。朝食がわりに食べているのよ」

メアリーは猫の胃にはいってから、またでてきた床のゴミに身震いした。それでも、あまりにもありえないことに思えた……。

「このマグは深さが十五センチもあるのよ。クリップ、定規、ペン、鉛筆でいっぱいだわ。どうやって他のものをひっくりかえさずに輪ゴムをとりだしたのかしら？」

「意志あるところに道ありよ。それに、この容疑者は図書館にきて八カ月だけど、すでに意志があることを証明しているの」

「だけど、そこにはほとんど輪ゴムがはいってないのよ！　絶対、これだけが供給源じゃないわ！」

「実験してみない？　マグをキャビネットにいれておいて、デューイがあなたのデスクの近くに輪ゴムを吐くかどうか調べるの」

「だけど、このマグにはうちの子どもたちの写真がついてるのよ！」

「たしかに。輪ゴムだけを片づけてみたらどうかしら？」

メアリーはマグに蓋をすることにした。翌朝、蓋の片端には疑わしい歯型がついて、デスクにころがっていた。疑いなく、そのマグが輪ゴムの供給源だった。輪ゴムは引き出しにしまわれた。よりよい目的のためには、便利さが犠牲にされたのだ。

とうとうデューイの輪ゴムへの執着を完全に矯正することはできなかった。興味を失っては、数カ月、あるいは数年たって、また輪ゴムをあさった。結局、それは闘いというよりもゲームになり、知恵と狡猾《こうかつ》さの競い合いになった。わたしたちが知恵をしぼり、デューイは狡猾さを発揮したのだ。そして意志を。わたしたちがとめようとする以上に、彼は輪ゴムを食べることに熱心だった。しかも、輪ゴムを嗅ぎつける強力な鼻を持っていた。

だが、このことをあまり重視しないようにしよう。輪ゴムは趣味だった。キャットニップと箱は、ただの気晴らしだった。デューイの本当の愛は人々に向けられた。したがって、愛する世の中のためなら、どんなことでもしただろう。ある朝貸し出しカウンターにたち、ドリスとしゃべっていたときのことを思い出す。そこに幼児がよちよち歩いてきた。その女の子は最近歩くことを身につけたばかりらしく、体がゆらゆら揺れ、足どりはおぼつかなかった。両腕を胸の前で交差して、デューイをぎゅっと抱きしめていることも、バランスをとるのにたいして役にはたたなかった。彼の後ろ足と尻尾は彼女の顔に押しつけられ、頭は床を向いてだらんとぶらさがっていた。ドリスとわたしはしゃべるのをやめて、小さな女の子がゆっくりと図書館の中を歩いてくるのを、目を丸くしてながめていた。女の子は満面に笑みを浮かべ、すっかり観念《かんねん》した猫を腕から逆さにぶらさげている。

「びっくり」ドリスがいった。

「どうにかしたほうがいいかしら」わたしはいった。だが、しなかった。みかけとは裏腹に、デューイは状況を完全に把握していると承知していたからだ。自分のしていることはわかっているし、何が起きても、彼だったらうまく対処できるだろう。

図書館にしろ、どんな建物にしろ、人間にとっては狭い場所だ。毎日朝から晩まで二十メートル四方ぐらいの部屋にいて、退屈しないわけがない。だがデューイにとって、スペンサー公共図書館は引き出し、キャビネット、書棚、飾り棚、輪ゴム、タイプライター、コピー機、テーブル、椅子、バックパック、財布、それに、いつもなでてくれる手、体をこすりつけられる脚、ほめ言葉をいってくれる口が存在する巨大な世界なのだ。それにひざもあった。図書館にはありがたいことに、いつもたくさんのひざがあった。

一九八八年の秋には、デューイはそれを全部自分のものだとみなしていた。

グランド・アヴェニュー

一九八〇年代の農業危機はひどかったが、わたしたちのほとんどは、スペンサーがあきらめ、撤退し、消えていくとは信じていなかった。歴史をとおして、スペンサーは回復力を実証してきた。町にも市民にも、これまで無償で与えられたものはなかった。手にいれたものは、わたしたちが勝ちとったものだった。

スペンサーは詐欺《さぎ》の町として始まった。一八五〇年代に、開発業者が、リトル・スー川の湾曲部に近い広大な土地を区画に分けてたくさん売った。開拓者たちは肥えた川沿いの谷間に豊かな町があると期待していたが、そんなものはみつからなかった。ゆるやかな川と、キャビン一軒だけしかなかったのだ――六キロ以上先に。町が存在していたのは書類の上だけだった。

それでも、ホームステッド法による入植者たちはそこにとどまることにした。既成の町にはいりこむかわりに、ゼロから地域社会を作りあげようとしたのだ。スペンサーは一八七一年に市となり、すぐに鉄道駅を政府に申請した。ただしほぼ五十年近く実現しなかったのだが。その年の終わりには、クレイ郡の郡庁所在地を四十五キロほど南のもっと大きな町、ピーターセンから奪いとった。スペンサーはブルーカラーの町だった。うぬぼれとは無縁だったので、ここ大草原地帯では、常に変化し、近代化し、成長しつづけなくてはならないと承知していた。

一八七三年の六月、イナゴが現われて、作物を丸裸《まるはだか》になるまで食いつくし、さらに刈り入れの終わった穀物まで襲った。一八七四年五月、イナゴがまた戻ってきた。イナゴは一八七六年七月にもまた現われた。ちょうど小麦が実りはじめ、トウモロコシの穂がではじめたところだった。百周年記念のために書かれた「スペンサー百周年」によれば、「イナゴは穀物の実をむさぼり食い、トウモロコシに居すわったので、その重みで茎が倒れた。完全な崩壊状態だった」

農夫たちはこの地方から去った。町の住人たちは家と仕事を債権者に渡し、郡を去った。残った人間たちは力をあわせ、助けあいながら長くひもじい冬を乗りきった。春になるとどうにかお金をかきあつめて、ちゃんと植え付けができるだけの種を買った。イナゴはクレイ郡の西端まで、六十キロ以上の畑を食いつくしてしまったが、それより先にはいかなかった。一八八七年の穀物は、そのあたり一帯で最高の出来になった。イナゴはそれきり戻ってこなかった。

ホームステッド法による入植者の最初の世代は、年老いて農業ができなくなると、スペンサーに移り住んできた。川の北側に小さな工芸小屋を建て、商人やその雇い人たちとつきあうようになった。ついに鉄道が敷かれると、地元の農夫たちはもう七十キロ先の市場まで馬と荷車でいく必要がなくなった。今では他の農夫たちがスペンサーまで三十キロの道のりをやってくるようになった。川から鉄道駅まで道路を広げたことで、町はお祝いをした。その八ブロックはグランド・アヴェニューと命名され、その地域全体にとって主たる商店街になった。ダウンタウンには貯蓄貸し付け銀行、サーカスに近い北側にはポップコーン工場、コンクリートブロック工場、レンガ屋、製材所ができた。だがスペンサーは工業都市ではなかった。大規模な工業施設はなかった。ダイヤの飾りボタンをつけ、二十ドル札で煙草を巻くような、開拓者向けの金融業者はいなかった。ヴィクトリア朝様式の屋敷も建ち並んでいなかった。畑、農夫、そして広々としたアイオワの青い空の下につらなる八ブロックの商店だけだった。

そして、一九三一年六月二十七日がきた。

午後一時三十六分の時点で、気温は四十度近くあり、八歳の男の子が、メインと西四番通りの角にあるオットー・ビヨルンスタッドのドラッグストアの外で手持ち花火に火をつけた。誰かが悲鳴をあげ、驚いた男の子は手持ち花火を大量に陳列された花火の中に落としてしまった。陳列品は爆発して、熱風にあおられた火はまたたくまに通りに広がった。数分のうちに炎はグランド・アヴェニューの両側を焼きつくし、スペンサーの小さな消防署ではどうすることもできなくなった。周囲の十四の町が消防車や人手を送りこんでくれたが、川の水をポンプでくみあげなくてはならなかったので、水圧が足りなかった。炎が燃えさかるうちに、グランド・アヴェニューの舗装《ほそう》にも火がついた。その日の終わりには、七十二の商店、つまり町の半分以上に相当する三十六の建物が焼け落ちた。

畑を漂っていく煙と、愛する町がくすぶっている残骸を目にして、町の人々が何を考えていたのかは想像もできない。その午後、アイオワの北西部は孤独な孤立した場所に感じられたにちがいない。そのあたりではいくつもの町が死んだ。商店はシャッターをおろし、人々はよそにでていった。だがスペンサーの家族のほとんどは、三世代のあいだどうにかこの地域で生活をしてきた。今、大恐慌のきざしがみえかけたとき――すでに沿岸では始まっていたが、アイオワの北西部のような内陸部には一九三〇年代中期まで広がらなかった――スペンサーの中心が灰となったのだ。恐慌時代のドルで二百万ドル以上の損失は、アイオワの歴史における人為的な災害としては、もっとも高額だった。

どうしてわたしがそれを知っているか？　スペンサーの人間なら全員が知っている。その火事はわたしたちの遺産であり、わたしたちを特徴づけるものなのだ。ただひとつ知らないのは、火事を起こした男の子の名前だ。もちろん知っている人間はいるが、秘密にしておこうと決められたのだ。つまりこういうことだ。わたしたちはひとつの町だ。この火事には一致団結しよう。誰かを非難するのはやめ、それよりも目の前の問題を解決しよう。このあたりでは、それを進歩的と呼んでいる。スペンサーの人間に町についてきけば、「進歩的」だと答えるだろう。それがわたしたちの呪文だ。進歩的とはどういう意味かとたずねれば、こう答えるはずだ。「公園がある。ボランティアをしている。常に改善しようと努力している」さらに深くつっこめば、ちょっと考えてから、最後にこういうだろう。「実は、火事があって……」

わたしたちを特徴づけているのは火事そのものではない。そのあとで町がやったことだ。火事の二日後、モダンで、できるだけ防災措置をほどこした新しいダウンタウンを作るために、会議が招集された。商店ですら、自宅や付属の建物で営業を再開した。誰もあきらめなかった。誰も「もうこのまま放っておこう」とはいわなかった。地域社会のリーダーは、シカゴやミネアポリスのような中西部の大都市まで足を運んだ。彼らはカンザスシティのような場所でまとまりのある都市計画や、華やかな建築様式を見学した。ひと月以内に、当時もっとも栄えていた都市が採用していた現代的なアールデコ様式のダウンタウンのために、基本計画ができあがった。焼けた建物は個人の所有だったが、どれも町の一部だった。所有者たちはその計画を受け入れた。彼らはいっしょに暮らし、仕事をし、生き残ることを選んだのだ。

今、スペンサーのダウンタウンを訪ねたら、アールデコとは思わないかもしれない。建築家の大半がデモインとスーシティからやってきて、プレイリー・アールデコと呼ばれる様式で建てたからだ。建物は低層で、ほとんどがレンガ造りだった。アラモ砦《とりで》のようにミッション様式の小塔のある建物もあった。プレイリー・アールデコは実用的な様式なので、わたしたちにぴったりだった。スペンサーの町はモダンにしたかったが、不要な注目を集めたくはなかった。

たとえば〈キャロルのベイカリー〉でペストリーを買ったり、〈ヘンハウス〉で買い物をしたりするためにダウンタウンにきても、軒の低い商店と整った長い町並みには気づかないだろう。グランド・アヴェニュー沿いに車を停めれば、大きなひらたい日除けの下を、ガラスのウィンドウをみながら歩くことになるだろう。歩道の金属製の街灯やレンガのはめこみ細工には気づくかもしれない。商店が次から次に現われるように感じるだろう。そしてこう思うはずだ。「ここが気に入った。ここは機能しているダウンタウンだ」

わたしたちのダウンタウンは一九三一年の火事の遺産だが、一九八〇年代の農業危機の遺産でもある。厳しい時代のときは、力をあわせるか、ばらばらになるか、どちらかだ。家族、町、さらに人々についても、それはあてはまる。一九八〇年代末、スペンサーは再び、一致団結した。そして、グランド・アヴェニューの商店、その多くは一九三一年に祖父母によって経営されていたものだが、その商店経営者たちが市をもっとよくしようと決意したときに、再び内部から変革が起きたのだ。ダウンタウンの商店街全体のためにビジネス・マネージャーを雇った。経済基盤から改善しようとしたのだ。地域社会にお金がまったくないように思えたときですら、宣伝に大金を支払った。

ゆっくりと進歩の輪が回りはじめた。地元の夫婦が町でもっとも大きく、歴史的な建物、〈ザ・ホテル〉を買いとって改装にとりかかった。その荒れた建物はめざわりで、住民共通のエネルギーと善意を消耗《しょうもう》させた。それがいまや誇りの中心で、古きよき時代の再来を期待させるものになった。グランド・アヴェニューの商業地域では、店主たちが新しいウィンドウ、もっとりっぱな歩道、夏の夜の催しにお金をだした。彼らはスペンサーにもうすぐ最高の時期が訪れると信じていたのだ。人々がダウンタウンにやってきて、音楽を聴き、新しい歩道を歩いたとき、彼らもそう信じた。そして、それでも十分でないというなら、ダウンタウンの南のはずれで三番通りをちょっと曲がると、清潔で暖かな新装の図書館があった。

少なくとも、それがわたしの計画だった。一九八七年に館長になるとすぐ、わたしは図書館を改装するための費用を要求しはじめた。市の管理者は存在せず、市長ですらパートタイムで、もっぱら式典に出席するだけだった。市議会がすべての決定をした。そこで、わたしは何度も何度も市議会に足を運んだ。

スペンサーの市議会は典型的な老人のネットワークで、〈シスターズ・カフェ〉での有力者の集まりを拡大したものだった。〈シスターズ・カフェ〉は図書館からわずか六メートルだったが、図書館に足を踏みいれたメンバーは一人もいないと思う。もちろん、わたしも〈シスターズ・カフェ〉の常連ではなかったので、それは両刃《もろは》の剣だった。

「図書館にお金？　それでどうするんだ？　われわれには仕事が必要なんだよ、本ではなくて」

「図書館はただの倉庫じゃありません」わたしは市議会に訴えた。「重要な地域社会の中心なんです。職業斡旋《あっせん》の情報、会議室、パソコンを提供しています」

「パソコンだと！　いくらパソコンに浪費しているんだね？」

それがいつも危険だった。最初に予算をほしいというと、遅かれ早かれ誰かがこういいだすのだ。「ところで、図書館は何のためにお金が必要なんだね？　すでに本はどっさりあるだろう」

わたしは彼らにいった。「舗装したばかりの道はすてきですけど、地域社会の精神を高揚《こうよう》させません。暖かく歓迎してくれる友好的な図書館のようには。誇りにできるような図書館があると、人々の士気があがると思いませんか？」

「正直にいおう。よりきれいな本があるからといって、ちがいがでるとは思わないね」

およそ一年近く棚上げにされて、いらだたしく感じたが、もちろんくじけてはいなかった。そんなとき、おもしろいことが起きた。デューイがわたしにかわって意見を主張してくれるようになったのだ。一九八八年の夏までには、スペンサー公共図書館は目にみえて変わった。利用者数が増えた。人々は以前よりも長時間館内で過ごすようになった。幸せな気持ちで帰っていき、その幸福感は家庭に、学校に、仕事場に持ち帰られた。さらにすばらしいことに、人々は図書館の話をさかんにするようになった。

「図書館にいってきたわ」誰かが新装されたグランド・アヴェニューでウィンドウショッピングをしながらいう。

「デューイはいた？」

「もちろん」

「あなたのひざにすわった？　いつも娘のひざにすわるのよ」

「実は、高い棚にある本に手を伸ばそうとしていたの。で、ぼんやりしていたせいで、本のかわりにデューイをつかんじゃったのよ。あまりびっくりしたので、本を爪先《つまさき》に落としちゃったわ」

「デューイはどうした？」

「笑ったわ」

「本当に？」

「いいえ、だけど絶対、笑っていたと思うの」

　その会話は〈シスターズ・カフェ〉にも届いたにちがいない。というのはやがて市議会も気づきはじめたからだ。ゆっくりと彼らの態度は変化していった。まず、わたしを笑い飛ばすことをやめた。そして話に耳を傾けるようになった。

「ヴィッキー」とうとう市議会はいった。「もしかしたら図書館はちがいを生むかもしれないな。きみも知ってのとおり、現在、市の財政は逼迫《ひっぱく》していて、お金が全然ないんだ。だが、きみが基金をつのるなら、われわれは支援するよ」たしかに、たいした申し出ではなかったが、長い長い歳月で、それは図書館が市から得た最大の援助だった。

デューイの親友たち

一九八八年の秋に市議会が耳にしたささやきは、わたしのものではなかった。少なくともわたしだけのささやきではなかった。人々のつぶやく声、ふだんは絶対にきこえない声だった。年配の住人、母親、子どもたちの声だ。目的を持って図書館にくる人もいた――本を調べ、新聞を読み、雑誌をみつけるために。他の利用者は図書館を目的地とみなした。図書館で過ごす時間を楽しんだ。励まされ、力を与えられた。毎月、そういう人たちが増えていった。デューイはもはや目新しい存在ではなかった。地域社会になくてはならない存在になった。人々は彼に会うために図書館にやってきた。

デューイはとりたてて、こびへつらう猫ではなかった。ドアからはいってくる人全員を急いで出迎えにいくわけではなかった。求められれば、正面ドアのあたりにいた。デューイを求めていなければ、彼をよけてそのまま進んでいけばいい。そこが犬と猫とのちがい、とりわけデューイのような猫とのちがいだろう。猫はあなたを必要とするかもしれないが、あなたがいないと困るわけではないのだ。

常連の利用者がやってきたときに、デューイが出迎えないと、彼らは図書館を歩き回って猫を探す。まずデューイが隅に隠れているのではないかと思って床を探す。それから書棚の上を調べる。

「あら、元気だった、デューイ？　あそこにいなかったでしょ」彼らはそういって、彼をなでようとする。デューイは頭のてっぺんをなでてもらうが、あとについていこうとはしない。利用者はいつもがっかりしているようにみえる。

だが彼らがデューイのことを忘れてしまうやいなや、デューイはひざに飛びのってくる。とたんに、人々の顔には笑みが広がる。デューイが十分か十五分いっしょにすわってくれるからだけではない。特別な関心を示す相手として選んでくれたからだ。最初の一年が終わる頃には、たくさんの利用者がわたしにこういったものだ。「デューイがみんなを好きなのはわかっているけど、わたしは彼と特別な関係なの」

わたしはにっこりして、うなずいた。「そのとおりね、ジュディ」心のなかではこう思う。「あなたと図書館にやってくるすべての人たちがそうなのよ」

もちろん、ジュディ・ジョンソン（あるいはマーシー・マッケイ、もしくはパット・ジョーンズ、いや、デューイのファンの誰でも）が長い時間、館内にいたら、きっとがっかりしただろう。その会話を交わしたあと、三十分後に図書館をでていくときに、またまたデューイが別の人のひざにすわっているのをみて、彼女の顔から笑みが消えてしまうのをわたしは何度もみかけている。

「あら、デューイ」ジュディはいったものだ。「わたしだけなのかと思っていたわ」

ジュディはしばらくデューイをみつめているが、彼は顔をあげようとはしない。そこで彼女はにっこりする。わたしにはジュディが考えていることがわかる。「あれはたんにデューイの仕事なのよ。やっぱり彼はわたしがいちばん好きなんだわ」

それから子どもたちがいた。デューイがスペンサーに与えた影響を知りたければ、子どもたちをみればいい。図書館にはいってくるときの笑顔、彼を探し、名前を呼んでいるときの喜び、彼をみつけたときの興奮。子どもたちの後ろで、母親たちもにこにこしている。

家族が苦労していること、子どもたちの多くにとってつらい時代であることは知っていた。親たちはわたしにしろ、スタッフにしろ、悩みを打ち明けたことはなかった。おそらく親友にも相談していないだろう。このあたりの人間はそういうことをしないのだ。個人的問題については、それがいいことでも、悪いことでもせんさくせず話題にしなかった。だが、察することはできた。ある少年は、前の年の古いコートを着ていた。母親はメイクをやめ、やがてアクセサリーもつけなくなった。少年はデューイを愛していた。親友のようにデューイにくっついていた。そして母親は二人がいっしょのところをみると、笑顔になった。そして十月ぐらいに少年と母親は図書館にこなくなった。その一家は引っ越してしまったのだ。

その秋、古いコートを着ていたのは、その男の子だけではなかったし、デューイを愛していた子どもは彼だけではなかった。全員がデューイの関心をひこうと必死になっていた。それが高じて、デューイとお話の時間を過ごすために自制心を身につけたほどだ。毎週火曜の朝、ラウンド・ルームには興奮した子どもたちのざわめきが広がる。そこでお話の時間が開かれるのだが、それはいきなり「デューイがいるよ！」という叫び声で中断された。部屋にいるすべての子どもが、デューイをいっせいになでようとして押し合った。

「静かにしないと」と子どもたち担当の司書、メアリー・ウォークがいう。「デューイはでていかなくてはなりません」

子どもたちが席にすわり、興奮をできるだけおさえようとすると、部屋にはどうにか静けさが戻ってくる。子どもたちがかなり落ち着くと、デューイは彼らのあいだを歩き回り、一人一人に頭をすりつけて、みんなをクスクス笑わせた。まもなく子どもたちはデューイをつかまえて、ささやきかける。「ぼくとすわって、デューイ。ぼくとすわって」

「みなさん、また注意をさせないでください」

「はい、メアリー」子どもたちはいつもメアリー・ウォークを名前で呼んでいる。ミス・メアリーと呼ばれたことは一度もなかった。

デューイは限度を超えてしまったことを悟り、うろつきまわるのをやめて、幸運な子どものひざで丸くなった。デューイは子どもに体をつかまれたり、ひざに無理やりのせられたりはしない。デューイが寝そべるひざを選択するのだ。そして、毎週、それはちがう子どもだった。

いったんひざを選ぶと、デューイはお話の時間が終わるまで、いつも静かにすわっていた。映画が上映されない限り。そのときはテーブルにジャンプして、脚を体の下に折りたたんですわり、熱心に画面をながめた。クレジットが流れはじめると、退屈なふりをして飛びおりる。子どもたちが「デューイはどこ?」とたずねたときには、立ち去っていた。

デューイが勝てない子どもが一人だけいた。デューイがやってきたとき、彼女は四歳で、毎週、母親と兄といっしょに図書館にやってきた。兄もデューイが大好きだった。

女の子は緊張して不安そうで、できるだけ後ろのほうにいた。母親はやがて、女の子が四本足の動物、特に犬と猫を怖がっていると打ち明けてくれた。

すばらしい機会だった！　猫アレルギーの子どもたちを、ついに猫と過ごせるようにしてあげたように、この女の子にもデューイがしてあげられることがあるにちがいなかった。わたしは彼女をさりげなくデューイと接触させるように提案した。最初は窓から彼の姿をみさせ、やがて付き添ってデューイに会わせたらどうかと。

「やさしい、愛すべきデューイにとって、理想的な仕事です」わたしは母親にいった。

女の子が猫に対する恐怖を克服するのに役立ちそうな本がないか、熱心に調べたほどだった。

だが、母親はその方法を望まなかったのであきらめ、女の子の気持ちに配慮することにした。女の子がドアまできて、カウンターのスタッフに手を振ると、わたしたちはデューイをみつけて、オフィスに閉じこめた。デューイは閉じこめられることが大嫌いだった。とりわけ利用者が図書館にきているときは。「こんなことをする必要はないよ」彼がわめいているのがきこえた。「彼女が誰なのか知ってるよ！　そばにはいかないよ！」

わたしは彼を閉じこめるのがいやだったし、デューイがこの女の子の人生をよりよいものにする機会をのがすのもいやだった。だが、何ができただろう？「無理強《むりじ》いしてはだめよ、「ヴィッキー」と自分をいさめた。「いずれチャンスがくるわ」

そんなことを考えながら、デューイの最初の誕生日に、ささやかなお祝いをする計画をたてた。デューイにはキャットフードで作ったケーキ、それに利用者たちにはふつうのケーキ。彼が生まれた日時を正確には知らなかったが、ドクター・エスタリーは彼をみつけたとき八週だろうと推測したので、十一月後半だと逆算して、十八日を誕生日に選んだ。デューイをみつけたのは一月十八日だったので、十八日は彼にとって幸運の日だと考えたのだ。

お祝いの一週間前、寄せ書きをしてもらうカードを貼った。数日のうちに百以上の書き込みがあった。次のお話の時間のときに、子どもたちはバースデーケーキの絵に色を塗った。パーティーの四日前、わたしたちは貸し出しカウンターの後ろに物干し綱《づな》を張り、そこに絵を飾った。さらに新聞が記事を載せたので、郵便でバースデーカードが届き始めた。猫にバースデーカードを送ってくる人々がいるとは、信じられなかった！

パーティーが始まると、子どもたちは興奮して飛び跳ねた。他の猫だったらおびえてしまっただろうが、デューイはいつものように、その騒ぎを冷静に受け入れた。ただ子どもたちのあいだに入らず、彼はじっとプレゼントをみつめていた。ネズミの形をしたキャットフードのケーキで、ジーン・ホリス・クラーク印の乳脂肪百パーセントヨーグルトがかけてあった（デューイはダイエット食品が嫌いだった）。子どもたちはにこにこして、クスクス笑いあった。その後方には、ほとんどが親だったが、大人が集まっていた。彼らも子どもたちに劣らず笑顔だった。改めて、わたしはデューイがどんなに特別な存在かを嚙みしめた。これほどのファンクラブができる猫というだけではない。他にもいくつかのことに気づいた。デューイには影響力があること。地域社会の一部として受け入れられていること。一日じゅう彼と過ごしていても、彼が築いたすべての関係や、彼がふれたすべての人々については決してわからないこと。デューイはえこひいきをしなかった。全員を等しく愛していた。

だが、そういいながらも、それが真実ではないことはわかっている。デューイには特別な相手がいた。いまだに記憶に残っているのは、クリスタルとの関係だ。図書館では何十年も、毎週、地元の小学校と中学校の特別支援教育クラスのために、お話の時間を設けていた。デューイの前で、子どもたちはお行儀が悪かった。彼らにとっては特別な外出だったので、興奮していたのだ。叫んだり、わめいたり、飛び跳ねたりしていた。だがデューイがそれを変えた。子どもたちはデューイを知るようになるにつれ、あまりうるさくしたり、気まぐれな行動をとったりすると、彼がいなくなることがわかったのだ。彼らはデューイを引きとめておくためなら、どんなことでもしただろう。数カ月後、みんなとてもおとなしくなったので、これが同じグループの子どもかと信じられないほどだった。

　子どもたちはデューイをあまり上手になでることができなかった。大半の子に肉体的な障害があったからだ。デューイは気にしなかった。子どもたちがある程度静かにしていれば、デューイはお話の時間をいっしょに過ごした。部屋を歩き回り、脚に頭をこすりつけた。ひざに飛びのった。子どもたちはデューイに夢中で、他のことにはまったく目がいかなかったほどだ。電話帳を読みあげても、気にしなかっただろう。

　クリスタルは重度の障害児の一人だった。十一歳ぐらいの美しい女の子だったが、しゃべることはできず、四肢《しし》をコントロールすることがほとんどできなかった。車椅子を使っていて、それには前部に木製トレイがとりつけてあった。図書館にはいってくるとき、いつも彼女の頭はうなだれ、じっとそのトレイをみつめていた。教師がコートを脱がせたり、ジャケットの前を開けたりしても、彼女は身動きしなかった。まるでそこにいないかのようだった。

　デューイはすぐにクリスタルに気づいたが、たちまち絆ができたわけではない。クリスタルはデューイに興味がないようにみえたし、彼の関心をひきたがっている子どもはたくさんいた。やがてある週、デューイはクリスタルの車椅子についたトレイに飛びのった。クリスタルは金切《かなき》り声をあげた。彼女は何年も図書館にかよってきていたが、声をだせることとすら、わたしは知らなかった。その金切り声は、初めてきいた彼女の声だった。

デューイは毎週クリスタルのところにいくようになった。毎回、デューイは彼女のトレイに飛びのり、クリスタルはうれしそうに金切り声をあげた。大きな甲高い悲鳴だったが、デューイは怖がらなかった。デューイはその声が意味しているものを知っていたのだ。彼はクリスタルの興奮を感じとることができた。あるいは、彼女の表情の変化を読みとれたのかもしれない。デューイをみると、クリスタルの顔は輝いた。彼女の目はこれまでうつろだった。今はそれがキラキラしていた。

まもなく、トレイに乗ったデューイをながめているだけではなくなった。教師が車椅子を押して図書館にはいったとたんに、クリスタルは生き生きした。正面ドアで待っているデューイをみつけると、すぐに声を発しはじめた。それはいつもの甲高い声ではなくて、もっと低い声だった。デューイに呼びかけていたのだと思う。デューイもそう考えたにちがいない。その声をきくなり、彼女のかたわらに近づいていったからだ。車椅子が停止するとすぐにデューイはトレイに飛びのり、彼女の全身から喜びが発散した。

クリスタルは甲高い声をあげはじめ、その笑顔ときたら、とてつもなく大きくて明るかった。クリスタルは世界で最高の笑顔の持ち主だった。

ふだん、クリスタルの教師は彼女の手をとり、デューイをなでるのを手伝った。その感触、彼の毛を肌に感じることで、さらに大きなうれしげな声が口からとびだした。ある日彼女が顔をあげたときに、わたしと目があった。彼女は喜びではじけんばかりで、その気持ちを誰かと、みんなとわかちあいたがっていた。何年ものあいだ床から視線すらあげなかった少女が、こんなふうに変わったのだ。

ある週、わたしはデューイをクリスタルのトレイから抱きあげて、彼女のコートの内側にいれた。クリスタルは声すらあげなかった。ただじっと驚いて彼をみつめていた。クリスタルはとても幸せだった。デューイもとても幸せだった。彼はもたれることのできる暖かい胸があり、愛する人といっしょにいられたからだ。デューイは彼女のコートからでようとしなかった。そこに二十分以上じっとしていた。他の子どもたちは本をみていた。デューイとクリスタルは、貸し出しカウンターの前でいっしょにすわっていた。図書館の前でバスがアイドリングしていて、やがて他の子どもたちは全員バスに乗りこんだ。だがデューイとクリスタルはまださっきと同じように、二人きりですわっていた。その笑み、その時間は、全世界にも匹敵するほど価値があった。

わたしはクリスタルの人生を想像できない。彼女が世のなかにでたとき、どう感じたのか、あるいは何をしたのかも知らない。だが、スペンサー公共図書館にデューイといっしょにいたとき、彼女が幸せだったことは知っている。しかも、ごく少数の人間しか味わったことのない完璧な幸福を、彼女は経験したのだと思う。デューイはそれを知っていた。彼はそういう幸せをクリスタルに味わってほしかったのだ。だから、彼女を愛した。それはどんな猫にとっても、あるいはどんな人間にとっても、価値のある遺産ではないだろうか？

左の表はオレンジ色の大きなボードに書かれ、デューイの最初の誕生日、一九八八年十一月十八日に、スペンサー公共図書館の貸し出しカウンターに貼りだされたものである。

デューイの好きなもの、嫌いなもの

ジャンル	好き	嫌い
食べ物	ピューリナ・スペシャル・ディナー、デイリー・フレイバー！	他のものすべて
眠る場所	箱か、誰かのひざ	一人きり、あるいは自分のバスケット
おもちゃ	キャットニップがついているものなら何でも	動かないおもちゃ
一日の時間	朝八時、スタッフが出勤する時刻	みんなが帰るとき
姿勢	あおむけに伸びる	長いあいだたつ
温度	暖かい、暖かい、暖かい	寒い、寒い、寒い
隠れ場所	西部劇の本のあいだ	ロビーのいちばん下の棚
活動	新しい友だちを作る、コピー機をながめる	獣医にいく
なでてもらうところ	頭、耳の後ろ	おなか
備品	キムのタイプライター、コピー機	掃除機
動物	自分！	
身づくろい	耳掃除	ブラッシングをされたり、くしでとかされる
薬	フェラクシン（毛玉のため）	他のものすべて
ゲーム	かくれんぼ	床にころがったペンと闘う
人々	ほとんど全員	彼に意地悪な人
音	おやつの袋を開ける、紙のこすれる音	騒々しいトラック、建設の音、犬の吠え声
本	『王様になりたかった猫』	『死んだ猫の101の利用法』

デューイとジョディ

デューイとクリスタルの関係が重要なのは、それがクリスタルの人生を変えたばかりか、デューイのある能力を説明しているからだ。つまり、彼の人間への影響力を示しているのである。そして彼の愛を。彼の理解を。さらに彼の配慮の深さを。その場合、一人の人間ではなく、千人の人間で考えてみてほしい。そうすれば、デューイがスペンサーの町にとって、どんなに重要な存在だったかわかるだろう。全員ではなく、毎日一人ずつ、一度にひとつの心に影響を与える。そして、そうした一人のうち、わたし自身の心にとても近い人間は娘のジョディだった。

わたしはシングルマザーだった。だから娘が小さかったとき、ジョディとわたしはいつもいっしょだった。二人でコッカプー犬（コッカースパニエルとトイプードルのミックス）のブランディを散歩させた。モールにウィンドウショッピングにいった。リビングで二人だけで寝た。映画がテレビで放映されていると、必ずみて、床でピクニックをした。《オズの魔法使い》は一年に一度は放映されたが、いちばんのお気に入りだった。虹の向こうではすべてに色があり、望んでいた力を手に入れられる。だが、実はその力はずっと持っていたものだった。ただ、引き出し方さえ学べばいいのだ。そういう映画だ。ジョディが九歳のとき、天候が許す限り、毎日午後になると、近所の自然が残る土地にハイキングにでかけた。少なくとも週に一度は、石灰岩の崖の頂上まで歩いていき、そこですわって川をみおろし、母と娘でいろいろな話をした。

当時はミネソタのマンカトに住んでいたが、アイオワのハートリーにあるわたしの実家で、しょっちゅう過ごしていた。二時間で、ミネソタのトウモロコシ畑はアイオワのトウモロコシ畑に変わり、わたしたちは古いエイトトラックのテープにあわせて、ジョン・デンヴァーやバリー・マニローなどのおもに一九七〇年代の感傷的な歌を歌った。そして、いつも特別なゲームをした。わたしがこういう。「知っているなかでいちばん大きな男の人は？」

ジョディは答え、それからわたしに質問する。「知っているなかでいちばん強い女の人は？」

わたしは答え、また質問する。「知っているなかでいちばんおもしろい女の人は？」

わたしたちは交互に質問をしあい、とうとう、あとひとつしか質問を思いつかなくなる。ずっとたずねたくてたまらなかった質問だ。「知っているなかでいちばん頭のいい女の人は？」

ジョディはいつもこう答えた。「それはママよ」わたしがそれをどんなにききたかったか、娘には想像もつかないだろう。

やがてジョディは十歳になった。十歳を境に、ジョディはその質問に答えなくなった。その行動はその年頃の女の子特有のものだったが、失望しないわけにいかなかった。

十三歳でスペンサーに引っ越してから、ジョディはおやすみのキスをさせてくれなくなった。「そんなことをするにはもう大きすぎるわ、ママ」彼女はいった。

「わかってる」わたしは娘にいった。「あなたはもう大きな女の子よね」だが、胸は張り裂けんばかりだった。

わたしはリビングにでていった。二寝室の百平方メートルほどのバンガロー、図書館からわずか一・六キロの距離にあった。窓から、すてきな四角い芝生に建つ四角い家々をながめた。アイオワの他の土地と同じように、スペンサーの道路の大半がまっすぐだった。どうして人生はそうならないのだろう？

ブランディがとことこ歩み寄ってきて、わたしの手に鼻面《はなづら》を押しつけた。ジョディを妊娠してから、ブランディとずっといっしょだった。犬は明らかに年をとってきた。反応が鈍くなり、生まれてはじめて床でおもらしをした。かわいそうなブランディ。ずっと様子をみていたが、とうとうドクター・エスタリーのところに連れていった。ドクターは腎不全《じんふぜん》がかなり進行していると診断した。

「ブランディは十四歳です。予想されないことではありません」

「どうしたらいいんでしょう？」

「治療はできますよ、ヴィッキー。でも、回復する期待は持てません」

わたしはかわいそうな疲れた犬をみおろした。ずっと彼女はわたしのためにそばにいてくれた。すべてを与えてくれた。わたしは彼女の頭を両手で包み、耳の後ろをかいてやった。「あまりお金はかけられないけど、できるだけのことをするからね」

投薬して数週間後、わたしはリビングでブランディをひざにのせてすわっていた。ふいに、温かいものを感じた。そのときひざが濡れているのに気づいた。ブランディはわたしのひざでおもらしをしてしまったのだ。彼女が恥じ入っているだけではなく、苦痛を感じていることがわかった。

「そろそろです」ドクター・エスタリーはいった。

わたしはジョディにいわなかった、少なくともすべては。ひとつには彼女を守るために。もうひとつには、自分でも認めたくなかったからだ。わたしはブランディと生まれたときからいっしょだったような気がしていた。彼女を愛していた。彼女が必要だった。彼女を眠らせる気持ちにはなれなかった。

　妹のヴァルと夫のドンに電話した。「家にきて、彼女を連れていって。いつとはいわないで、ただそうして」

　数日後、ランチに家に帰ると、ブランディはいなかった。何が起きたのかを悟った。彼女は召《め》されたのだ。ヴァルに電話して、ジョディを学校に迎えにいき、ディナーに連れていってくれるように頼んだ。自分の気持ちを落ち着ける時間が必要だった。ディナーの席で、ジョディは何かがおかしいことに気づいた。とうとうヴァルは耐えきれなくなり、ジョディにブランディが眠らされたことを話した。

　このときまでに、わたしはたくさんのあやまちを犯していた。ブランディの苦痛を治療で引きのばそうとした。義理の弟にゆだねて死なせた。ジョディにすべてを話していなかった。そして、妹の口から、娘の愛していた犬の死を話させた。だが、最大のあやまちはジョディが帰ってきたときにやったことだった。わたしは泣かなかった、一切の感情をみせなかった。娘のために強くならなくてはと、自分にいいきかせていたのだ。自分がどんなに傷ついているのか娘にみせたくなかった。翌日ジョディが学校にいくと、わたしは耐え切れなくなった。あまり激しく泣いたので、気持ちが悪くなった。憔悴《しょうすい》して、午後まで仕事にいけなかったほどだ。だがジョディはそれをみなかった。十三歳の彼女にとって、わたしは彼女の犬を殺して、気にもとめていない女にみえただろう。

ブランディの死は、わたしたちの関係におけるターニングポイントではなかった。むしろ、それはわたしたちのあいだに口を開けつつあった溝を示すものだった。ジョディはもう小さな子どもではなかったが、わたしは心のどこかでそういうふうに娘を扱っていた。ジョディはまだ大人でもなかったが、彼女は心のどこかですっかり大人になり、わたしをもはや必要としていないと考えていた。初めて二人のあいだの距離に気づいたときには、ブランディの死がその距離をさらに広げてしまった。

デューイがやってきたとき、ジョディは十六歳で、その年頃の少女を持つ多くの母親のように、わたしも娘と別々に暮らしているような気がしていた。そのほとんどはわたしの過失だった。図書館の改装をついに市議会に承諾させ、その計画のために必死に仕事をしていたので、自宅で過ごす時間をあまりとれなかったのだ。しかし彼女のあやまちでもあった。ジョディはほとんどの時間を友人たちと過ごすか、自分の部屋に閉じこもっていた。たいてい、夕食のときにしか言葉を交わさなかった。そのときですら、ほとんど話題はなかった。

デューイがくるまでは。デューイといっしょだと、ジョディがききたがるような話題ができた。彼がしたことを話した。誰が彼に会いにきたか。誰が彼といっしょに遊んだか。どんな地元の新聞やラジオ局がインタビューを申し込んできたか。数人のスタッフが日曜の朝、交互にデューイにえさをやっていた。日曜の朝のその訪問のために、ジョディをベッドからひっぱりだすことはできなかったが、両親の家でのディナーの帰りに、しばしば日曜の夜は図書館にたちよった。

ジョディが図書館のドアから入っていったときのデューイの興奮ぶりといったら、信じられないほどだった。猫は跳ね回った。ジョディを感心させるためだけに、書棚から飛びおりた。奥の部屋でわたしがトイレを掃除し、食べ物の皿をいっぱいにしているあいだ、デューイとジョディは遊んだ。彼女はデューイと過ごすその他大勢の一人ではなかった。デューイはジョディにすっかり夢中だった。

前に、デューイは誰にもつきまとわないと書いた。少なくともしばらくのあいだ、少し距離を保つのが彼の流儀だった。それはジョディにはあてはまらなかった。デューイは犬のようにジョディのあとについて歩いた。ジョディは彼が愛情を求め、必要とした世界で唯一の人間だった。開館時間にジョディが図書館にきたときですら、デューイは彼女に駆け寄っていった。誰にみられてもデューイは気にしなかった。ジョディの前ではプライドもみせなかった。ジョディがすわるやいなや、デューイは彼女のひざにのった。

　休暇になると図書館は数日間休館するので、わたしはデューイを家に連れてきた。彼は車に乗るのが好きではなかった――毎回、ドクター・エスタリーのところにいくことになるので、最初の二、三分は後部座席の床にうずくまっていた――だが、グランド・アヴェニューから十一番通りに曲がるのを感じたとたん、座席にあがって窓の外をながめた。わたしがドアを開けると、彼はわたしの家に飛びこんでいって、あらゆるものの匂いをじっくり嗅いだ。それから地下室の階段をあがったりおりたりした。図書館では一階のフロアしかなかったので、階段を飽きずにのぼりおりしていた。

　階段への興奮が冷めると、デューイはソファでわたしの隣にすわった。そして頻繁に、ソファの背にのぼって窓の外をながめた。ジョディを待っていたのだ。彼女が家に帰ってくると、さっと飛びおりて、玄関に走っていった。ジョディが家に入ってきたとたん、デューイはマジックテープのようになった。ジョディからかたときも離れなかったのだ。彼女の脚のあいだにはいりこみ、あまり興奮して頭をすりつけたので、ジョディはあぶなくつまずきそうになった。ジョディがシャワーを浴びていると、デューイはいっしょにバスルームにはいり、シャワーカーテンをみつめて待っていた。ドアを閉めると、そのすぐ前にすわりこんだ。シャワーがとまっても、すぐに彼女がでてこないと、デューイは鳴いた。彼女がすわるなり、そのひざにあがった。ディナーの席だろうと、トイレだろうと関係がなかった。彼女のひざに飛びあがり、おなかを前足で踏みつけ、喉をいつまでもゴロゴロ鳴らすのだ。

ジョディの部屋はひどく散らかっていた。だが外見のことになると、彼女はとても几《き》帳面《ちょうめん》だった。髪の毛一本乱れず、どこにも汚れはついていなかった。たとえばソックスにまでアイロンをかけた。だから、彼女の部屋がトロールのねぐらそっくりだと、誰が信じただろう？　床がみえなかったり、クロゼットのドアが閉まらない部屋で暮らせるのは、ティーンエイジャーだけだ。食べ物のこびりついた皿やグラスが、汚れた衣類の下に何週間も埋もれていた。わたしは掃除をするのを拒否したが、そのことで小言はいいつづけた。典型的な母親と娘の関係だと承知しているが、そういえるのは、それが終わったときだ。その最中に、悟ることはかなりむずかしかった。

だがデューイにとってはすべてが簡単だった。「汚い部屋？　口うるさい母親？　気にするもんか。そこにいるのはジョディなんだよ」彼はそういいたげに、わたしを一瞥《いちべつ》すると、夜は娘の部屋に消えていった。「他のことなんて、どうでもいいのさ」

ときどき、夜、寝る前にジョディがわたしを部屋に呼ぶことがあった。部屋にいってみると、デューイがジョディの枕を金塊《きんかい》みたいに守っているか、彼女の顔の上半分に横たわっているかだった。ジョディにふれたくて必死になっている彼を一瞬みつめ、いつも二人でゲラゲラ笑った。ジョディは友人といっしょだと滑稽で面白い人間だったが、ハイスクール時代、わたしに対してはかたくるしかった。デューイだけが、わたしたちの関係を気楽に楽しくさせてくれた。デューイがそばにいると、わたしたちはいっしょに笑いころげ、まるでジョディが子どもだった頃のように過ごせた。

デューイが助けてくれたのは、ジョディとわたしだけではなかった。図書館の前の通りをはさんで、スペンサー中学校があった。そして五十人ほどの生徒たちがいつも放課後に図書館で過ごしていた。ハリケーンのように彼らが飛びこんでくると、特に騒々しい連中は避けたが、たいていデューイは彼らの仲間入りをした。男女を問わず、デューイは生徒のなかにたくさんの友だちがいた。彼らはデューイをなで、いっしょにゲームをして遊んだ。鉛筆をテーブルからころがして落とし、どこにいったのかとデューイが驚くのをながめた。一人の女の子はいつもコートの袖《そで》からペンをとりだしてみせた。デューイは袖の中までペンを追っていって、暖かくて暗い場所が好きなので、そのままそこで昼寝をしてしまうこともあった。

ほとんどの子どもたちは、両親の仕事が終わる五時を回ると帰っていった。八時まで居残っている子もいた。スペンサーにも問題がないわけではなかった——アルコール依存症、ネグレクト、虐待——だが、図書館の常連さんはブルーカラーの両親を持つ子どもたちだった。彼らは子どもを愛していたが、生活のために仕事のかけもちや、残業をしなくてはならなかった。

ほんの少ししか、たちよらない親たちには、デューイをかわいがる時間はなかった。長時間働いてきて、食事の支度をしなくてはならないし、寝る前に家を片づけなくてはならない。だが彼らの子どもたちは何時間もデューイと過ごしていた。デューイは子どもたちが大好きで楽しませてあげた。それがどんなに意味のあることか、その絆がどんなに深いものか、こんな光景を目撃するまでわたしは気づかなかった。ある男の子の母親が、かがみこんで「ありがとう、デューイ」とささやき、デューイの頭をやさしくなでたのだ。

息子といっしょに過ごしてくれたことで、彼女はデューイに感謝していたのだろうと思う。息子にとって寂しく居心地が悪くなりかねなかった時間を、デューイが埋めてくれたからだ。

母親は立ちあがると、息子を両腕で抱きしめた。それから二人でドアからでていくときに、彼女が息子にたずねるのがきこえた。「デューイは今日、元気だった？」突然、その母親の気持ちが手にとるようにわかった。デューイは離ればなれのつらい時間を共通のものに変えたのだ。デューイは彼女にとって、できなかったことをとりもどすための道しるべだった。わたしはこの男の子を、デューイの親しい友人の一人だと考えたことはなかった——たいてい友人とはしゃいだり、パソコンでゲームをして過ごしていたからだ——しかし、明らかに、デューイは図書館の外の彼の人生に影響を与えているにちがいなかった。しかも、この男の子だけではなかった。もっとじっくり観察してみると、わたしとジョディとの関係をあたためてくれた小さな火を、他の家族も感じていることがわかった。わたしのように、スペンサーじゅうの親たちが、毎日一時間はティーンエイジャーの子どもたちとデューイについて話し合っていた。

スタッフは理解していなかった。ジョディとデューイが親密なのをみて、デューイがわたし以上に誰かを愛することに、わたしが腹をたてるのではないかと考えていた。ジョディが帰ってしまうと、いつも誰かがいった。「お嬢さんの声ってあなたとそっくりね。だから彼はあんなにお嬢さんが好きなんだわ」

だが、わたしは嫉妬《しっと》をまったく感じなかった。デューイとわたしは複雑な関係だった。そこにはお風呂、ブラッシング、獣医への訪問といった不愉快な経験も含まれていた。デューイとジョディの関係は、まったく純粋で無邪気だった。おもしろくて楽しい時間をわかちあう関係で、責任はついてこなかった。二人の関係にわたしを加えるとすれば、デューイはジョディがわたしにとってきわめて大切な存在だと認識していた、だからデューイにとってジョディは特別に大切だった、と説明できるだろう。もしかしたらデューイは、二人と一匹で過ごす時間の意味をわかっていたのかもしれない。わたしが娘と笑いあう時間をどんなに心待ちにしていたかを。だからこそ、喜んで二人のあいだの溝に身を投げかけ、母娘の橋渡し役になっていたのかもしれない。

だが、それだけが理由だとは思っていない。デューイはジョディがジョディだから、彼女を愛したのだ——暖かく、人なつっこく、すばらしいジョディを。そして、娘を愛していることで、わたしはさらにデューイを愛した。

家から遠く離れて

両親はアイオワのハートリーに、わたしが十四歳のときに引っ越した。わたしは真面目な女の子で、学校図書館の責任者を務め、学年でカレン・ワッツについで二番目に頭のいい女の子だった。タイプでCをとった以外は、ヴィッキー・ジプソンはすべてAの成績だった。しかし、だからといって噂《うわさ》にならないわけではなかった。ある晩、両親とサンボーンにダンスにいった。ハートリーからは十五キロ足らずの小さな町だった。ダンスホールが十一時に閉まったので、わたしたちは隣のレストランにいった。そこでわたしは気絶してしまった。父は外に連れだして新鮮な空気を吸わせ、わたしは吐いた。翌朝の八時半に、祖父が家に電話をしてきていった。「いったい、そっちで何が起きてるんだね？　ゆうべヴィッキーがサンボーンで酔っぱらったらしいが」原因は歯が膿《う》んでいたせいだと判明したが、ハートリーのような小さな町では悪評をしりぞけることは不可能だった。

一方、兄のデイヴィッドはハートリー・ハイスクールにかよった生徒のなかで、もっとも頭のいい子どもの一人だと思われていた。誰もが兄を教授と呼んだ。デイヴィッドはわたしよりも一年早く卒業して、百六十キロ離れたミネソタ州マンカトの大学にいった。わたしもそこにいこうと考えていた。進路カウンセラーにそれを話したところ、彼はこういった。「大学のことは心配しなくていいよ。きみはただ結婚して、子どもを生んで、男性に世話してもらえばいいんだから」なんてろくでなしだろう。だが一九六六年のことなのだ。しかもアイオワの田舎の話だ。それ以外のアドバイスはもらわなかった。

ハイスクールを卒業したあとで、わたしはつきあった三番目の男性と婚約した。二年つきあっていて、彼はわたしにくびったけだった。だが、わたしはアイオワのちっぽけな町を離れる必要があった。一人で生きていかなくてはならなかった。そこでとてもつらいことだったが、婚約を解消して、親友のシャロンとマンカトに引っ越した。

町の反対側の大学にデイヴィッドがかよっているあいだ、シャロンとわたしはマンカト梱包《こんぽう》会社で働いた。マンカト梱包会社は、ジェットドライのような食器洗い機用のリンス剤や、当時のアニメスター、ガンビーの梱包をしていた。わたしはおもにパンチ・アンド・グロウという、種が蓋にとりつけられた鉢《はち》植え用土のはいった容器を担当した。

わたしの仕事はコンベヤーベルトから鉢植え用土の容器をとり、プラスチックの蓋をつけ、ダンボールの保護ケースをかぶせ、箱に詰めることだった。シャロンとわたしは隣同士で作業をしながら、ポップスのメロディにあわせて、パンチ・アンド・グロウの滑稽な替え歌を歌った。マンカト梱包会社のラバーン&シャーリー（テレビのコメディシリーズに出てくる主人公二人組）のわたしたちは、ラインで働く全員を笑わせたものだ。三年後、わたしは空《から》のプラスチックカップを機械にいれる地位にまで出世した。その仕事はもっと孤独だったので、あまり歌わなくなったが、少なくとも鉢植え用土で汚れることはなくなった。

　シャロンとわたしは工場の仕事を終えてから、おきまりの日課をこなすようになった。きっかり五時に仕事を終え、バスでアパートメントに帰り手早く夕食をとり、ダンスクラブに繰りだす。爪先が痛くなり、ダンスホールが閉まるまで踊った。ダンスをしないときは、わたしは兄のデイヴィッドと友人たちとでかけた。デイヴィッドは兄というだけではなく親友で、数え切れないほどの夜、人生について遅くまで語り合ったものだ。めったにないことだが、家にいるときは寝室でレコードをかけて一人でダンスをした。ダンスをしないわけにいかなかったのだ。わたしはダンスが大好きだった。

　ダンスクラブでウォリー・マイロンと知り合ったが、彼はこれまでデートした相手とはちがっていた。とても頭がよくて、読書家で、わたしはいたく感心した。それに彼には個性があった。ウォリーはいつもにこにこしていて、彼といっしょにいる人もみんなが笑顔になった。角の店にミルクを買いにいって、店員と二時間話し込むような人間だった。ウォリーは誰とでも、どんな話題でもしゃべることができた。彼は意地悪なところがまったくない人だった。今日までこれだけはいえる。ウォリーは意図的に誰かを傷つけることができない人だった。

一年半デートをして、一九七〇年六月に結婚した。わたしは二十二歳で、すぐに妊娠した。つわりが朝も昼も夜もひどく、つらい妊娠だった。ウォリーは仕事のあと友人たちと出歩き、たいていバイクを乗り回していたが、いつも七時半までには帰ってきた。社交的な妻を求めていたが、赤ん坊が生まれるなら具合の悪い妻でも受け入れようとした。

ときにひとつの決心が人生を変えることがある。しかも、それは必ずしも自分で決めたことではない場合がある——あるいは、そう決められたことすら知らないこともある。お産が始まると、医者は強力なピトシン二錠でお産を早めようとした。あとから、医者はパーティーにいく予定があって、この退屈な処置をさっさと終わらせたがっていたと知った。三センチの子宮の開きは二時間で全開大になった。そのショックで、後産《あとざん》がうまくいかず、もう一度陣痛を起こさせなくてはならなかった。ただし、胎盤《たいばん》などのすべてが除去できたわけではなかった。六週間後、大量に出血して、わたしは緊急手術を受けた。

わたしはずっとジョディ・マリーという名前の娘がほしかった。若い頃からそれを夢みてきた。いまや、わたしはその娘を手にいれた。ジョディ・マリー・マイロン。だから娘といっしょに過ごし、抱きしめ、話しかけ、その目をのぞきこみたいと心から願っていた。だが手術のせいでわたしは寝ついてしまった。ホルモンのバランスがおかしくなり、頭痛、不眠、冷や汗に悩まされた。二年たち、六度の手術をしたあとも、わたしの健康は改善されなかったので、医師は試験的な手術を提案した。病院のベッドで目覚めたとき、医師が両方の卵巣と子宮をとってしまったことを知った。肉体的苦痛は強烈だったが、それよりも、もう子どもを産めないことを知った苦しみのほうがひどかった。試験的な手術ということで、ちょっとおなかの中をみるだけだと思っていたのだ。すっかり臓器をとられるとは予想すらしていなかった。しかも、突然、重度の更年期《こうねんき》障害に襲われたのだ。わたしは六十歳になりかけた二十四歳で、体内が傷だらけになり、後悔の念で胸がいっぱいで、ジョディを抱きしめることもできなかった。カーテンがおりて、すべてが闇に閉ざされた気持ちだった。

数カ月後に体が回復したとき、ウォリーはそばにいなかった。ともあれ、かつてのように家にいなかった。そのとき不意に気づいた、すべてがウォリーにとって酒を飲むことを意味していたと。釣りにいけば、酒を飲むことを意味した。狩りにいけば、やはり酒を飲んだ。オートバイに乗ることですら、酒を飲むことだった。まもなく約束していても、姿をみせなくなった。遅くまで外出して、電話もかけてこなかった。酔っぱらって帰ってくるので、わたしはこういった。「何をしているの？　あなたには病気の妻と二歳の子どもがいるのよ！」

「釣りにいってただけだよ。二杯多く飲み過ぎただけだ。たいしたことじゃないさ」

翌朝目覚めると、彼は仕事にいっていた。キッチンのテーブルにはメモがあった。「愛している。けんかはしたくない。すまない」ウォリーはまったく眠れず、夜どおし起きて、わたしに長い手紙を書いていた。彼は頭がよかった。美しい言葉をつらねることができた。そして毎朝、わたしはそうした手紙をみつけ、彼を改めて愛した。

夫が問題ある酒飲みだという認識は突然ひらめくものだが、受け入れるには長い、長い時間がかかる。ひどく当惑して混乱していても、心は理解を拒絶する。さまざまな説明、いいわけを考える。電話が鳴るのを恐れるようになる。そして、電話が鳴らないときの静寂を恐れる。話し合うかわりに、ビールを捨てる。いろいろなこと、たとえばお金について気づかないふりをする。彼はどうにか切り抜けているが、それも戸棚が空っぽのときだけだ。だが、怖くて文句はいえない。よくなるのではなく、もっと悪くなる可能性はどのぐらいだろう、と考える。

「わかってる」その話題をだすと、彼はいう。「だいじょうぶだ。ただ、酒はやめるよ。きみのために。約束する」だが、二人ともそれを信じてはいなかった。

毎日、自分の世界が小さくなっていく。何をみつけることになるのか怖くて、キャビネットを開くことができない。彼のズボンのポケットを探ることもできない。どこにもいくことができない。お酒がからまないどんな場所に、彼は連れていってくれるのだろう？

朝になるとしばしば、オーブンの中にビール瓶を発見した。ジョディはおもちゃ箱にビール缶をみつけた。朝早く外をみる勇気があったら、ウォリーがヴァンの中でぬるいビールを飲んでいる姿をみつけただろう。わたしにみられないように角を曲がることすら考えなかったのだ。

ジョディが三歳になったとき、弟のマイクの結婚式でハートリーにいった。ジョディとわたしは式に列席したので、ウォリーは暇になった。彼は姿を消し、夜遅くなるまで現われなかった。そのときには全員が寝静まっていた。

「わたしたちを避けようとしていたの？」わたしは夫にたずねた。

「いや、きみの家族は愛している。それは知ってるだろ」

ある晩、家族が母のキッチンのテーブルを囲んですわっていた。そしていつものように、ウォリーはどこにもいなかった。ビールが足りなくなったので、母は町にきた友人や親戚のために保管している予備のビールをだそうとキャビネットを開けた。そのほとんどがなくなっていた。

「何を考えているの、ママのビールをとるなんて?」

「わからない。ごめんよ」

「わたしがどういう気持ちかわかる?　ジョディがどう感じていると思うの?」

「あの子にはわからないよ」

「もうわかるぐらいに大きいわ。あなたはあの子のことを知らないのよ」

たずねるのが怖かった。たずねないのも怖かった。「あなた、仕事をしているの?」

「もちろんだよ。給料の小切手をみてるだろ?」

ウォリーの父親は、彼を一族の建設会社の共同経営者にしていた。つまり、ウォリーは定期的に給料の小切手をもらっているわけではなかったのだ。会社の仕事が途切れているのか、全世界が崩壊しつつあるのか、わたしには区別がつかなかった。

「お金のことだけじゃないの、ウォリー」

「わかってる。家でもっと過ごすようにするよ」

「一週間、飲むのをやめて」

「どうして？」

「ウォリー」

「わかった、一週間だね。やめるよ」

だが、またもや二人ともそれを信じていなかった。

マイクの結婚式のあと、ついにわたしはウォリーが問題を抱えていることを認めた。そして、ますます彼が家に帰ってこなくなっていることを。ほとんどしらふの彼をみたことがないことを。彼はたちの悪い酔っぱらいではなかったが、酔ってしっかりしているわけでもなかった。それでも彼はわたしたちの生活を管理していた。一家に一台だけの車を運転した。わたしは食料品を買うためにバスに乗るか、友人に乗せてもらうかしなくてはならなかった。彼が小切手を現金化した。彼が請求書の支払いをした。しばしばわたしはあまりにも体調が悪くて、経済状況を確認できないほどだったし、自分一人で子どもを育てるなど問題外だった。わたしはわが家を青い棺《ひつぎ》と呼んでいた。というのも、ぞっとするような青い色に塗られ、棺そっくりの形をしていたからだ。最初はほんの冗談だった――実際にはきちんとした住宅地のりっぱな家だった――だが二年もすると、それが真実に思えてきた。ジョディとわたしはその家に閉じこめられ、生きたまま埋められつつあった。

わたしの家族は手を貸してくれた。決してわたしを責めなかった。決して説教をしなかった。両親にはお金はなかったが、一度に二週間ほどジョディを預かってくれ、自分の娘のように育ててくれた。人生がくすぶりはじめるたびに、わたしに息をする余裕を与えてくれたのだ。

それに友人たちもいた。あの分娩室《ぶんべん》の医者がわたしの体をめちゃくちゃにしたとしたら、別の他人が精神を救ってくれた。ジョディが生後半年のとき、ある女性がドアをノックした。彼女はジョディと同じぐらいの娘を乳母車に乗せていた。彼女はこういった。

「フェイス・ラーントワーと申します。ハイスクールのときから夫とおたくのご主人は友人同士だったので、コーヒーでも飲んで、お近づきになれないかと思ったんです」

ありがたく承知した。

フェイスはわたしを新入りクラブに加えてくれ、ひと月に一度カードをした。その定期的な五百点ラミーのゲームでトルーディと知り合い、それからバーブ、ポーリ、リタ、アイデルと出会った。まもなくわたしたちは週に二日、トルーディの家でコーヒーを飲むようになった。全員が若い母親で、トルーディの家だけが全員が入れるほど大きかったのだ。子どもたちは彼女の広々とした遊び部屋に押しこめ、わたしたちはキッチンのテーブルにすわって、ストレスを解消しあった。彼女たちにウォリーのことを打ち明けても、みんなまばたきひとつしなかった。トルーディはただテーブルを回ってきて、抱きしめてくれた。

当時、友人たちはわたしに何をしてくれたのか？　何をしてくれなかったのか？　買い物にいかなくてはならないときは、車で連れていってくれた。体調が悪いときは、世話をしてくれた。誰かにジョディをみていてもらいたいときは、迎えにきてくれた。わたしがまさに必要としているときに、温かい料理を手にたちよってくれたことは、数え切れないほどあった。

「ちょっと余分にキャセロールを作っちゃったの。食べてもらえる？」

それでも、わたしの人生を救ってくれたのは、家族でも友人たちでもなかった。実をいうと。わたしの本当の動機、毎朝身支度をして、必死にがんばろうとした理由は娘のジョディだった。彼女はわたしを母親として、お手本を示してくれる人間として必要としていた。お金はなかったが、お互いがいた。ベッドから起きあがれないときは、ジョディとわたしは何時間もおしゃべりをした。体調がいいときは、家族の三番目のメンバー、ブランディといっしょに散歩した。ジョディはわたしを尊敬した。犬も娘も、疑問も持たず、疑いも抱かず、わたしを崇拝《すうはい》してくれた。限りない愛を与えてくれた。それは犬と子どものひそかな力なのだ。毎晩、ジョディを寝かしつけるとき、わたしは彼女にキスした。その感触、肌にふれる娘の感触が、わたしを支えていたのだ。

「愛してる、ママ」

「ママも愛してるわ。おやすみ」

わたしのヒーロー、ドクター・シャーリーン・ベルは、誰にもゼロから十までの苦痛温度計があるといっている。それが十になるまで、人は変われない。九ではだめなのだ。九だと、まだ恐れているからだ。十だけが人を動かす。そこに至ると、悟るのだ、誰も自分にかわって決断することはできないと。

わたしはまず友人の一人にそれが起きるのをみた。彼女は妊娠していて、虐待する夫が相変わらず毎日彼女を殴っていた。手遅れにならないうちに彼女を家から連れだそうと決め、彼女に夫のもとを離れるように説得した。子どもたちといっしょにトレイラーに住まわせた。彼女の両親が毎日訪ねてきてくれ、必要なものはすべて手にはいった。二週間後、彼女は夫のもとに帰った。そのとき悟ったのだ、自分が正しいと思っていることを他人にさせることはできないと。自分自身でその結論をださなくてはならないのだ。一年後、友人は永遠に夫を捨てた。彼女は誰の助けも必要としなかった。

わたし自身もその教訓を学んだ。結婚の正体がゆっくりとみえてきたからだ。おそらく人を打ちのめすのは継続性なのだ。毎日、少しずつ悪くなり、少しずつ予想がつかなくなり、ついに、これまで自分がすると思ってもいなかったことをするようになっているのだ。ある晩わたしはキッチンで食べ物を探していて、小切手帳をみつけた。それはウォリーが自分用に開いた秘密の銀行口座のものだった。夜中の二時にコンロをつけて、一枚一枚小切手を破って燃やした。途中でわたしは思った。「これはまともな人間の生活じゃないわ」

だが、そのままでいた。疲れきっていたのだ。精神的に消耗していた。自信が揺らいでいた。手術で体が弱っていた。そしておびえていた。だが変化を起こせないほどおびえてはいなかった。

最後の年は最悪だった。あまりひどかったので、くわしいことが思い出せないほどだ。一年丸々暗澹《あんたん》たる日々だった。ウォリーは午前三時より前には家に帰ってこなくなった。別々の部屋で寝ていたので、まったく顔をあわせなかった。彼は毎朝家を早くでていったが、どこにいったのかは知らなかった。彼は家族の仕事から手をひかされてしまい、わが家の経済状況は悪いどころか耐えがたいほどになっていた。両親はありったけのお金を送ってくれた。さらに他の家族のところにいき、数百ドルをかきあつめてくれた。

それがなくなってしまうと、ジョディとわたしは食べるものがまったくなくなった。オートミールで、オートミールだけで二週間食いつないだ。とうとうウォリーの母親のところにいった。彼女は息子の状況のことで、わたしを責めるにちがいないとわかっていたのだが。

「わたしのためではないんです。どうか孫娘のためにお願いします」彼女は食料品をひと袋買ってきて、キッチンのテーブルに置くと帰っていった。

数日後、ウォリーが家に帰ってきた。ジョディは眠っていた。わたしはリビングで『アラノンで今日一日』を読んでいた。アルコール依存症の人々の支援グループ、アラノンのバイブル的本だ。わたしは彼に怒鳴ったり、殴りかかったりということはしなかった。二人とも、ウォリーがいつも家に帰ってきているかのようにふるまった。一年ぐらい彼と顔をあわせていなかったので、そのひどい様子に驚かされた。やせて、具合が悪そうだった。明らかにものを食べていないようで、アルコールの臭いをまきちらし、体がぶるぶる震えていた。かつて何時間でも誰とでもしゃべっていた男は、ひとことも発さずに部屋の反対側にすわった。そして、わたしが本を読むのをながめていた。彼はとうとう居眠りをしはじめたので、こう話しかけられたときは驚いた。「何をにこにこしているんだ？」

「別に」わたしは彼にいったが、きかれたときにわかった。わたしの苦痛温度計はついに十に到達したのだ。激情を爆発させることもなかった。最後に不当な真似をされたのでもない。見知らぬ人間が家に入ってきたように、その瞬間は静かにすべりこんできたのだ。

翌日弁護士のところにいき、離婚手続きを始めた。すると、家のローンも車のローンも半年支払われておらず、六千ドルの借金があることがわかった。ウォリーは家の改装ローンまで借りていたが、もちろん何も作業はおこなわれていなかった。青い棺はばらばらになりかけていた。

母親の母、スティーブンソンおばあちゃん――彼女はアルコール依存症の夫と離婚していた――が家を救うためのお金をくれた。車は銀行に引き取らせた。とっておく価値はなかった。父はハートリーで寄付をつのり、八百ドルを集め、雨の日でも老婦人が運転しなかった一九六二年型のシェヴィーを買ってくれた。わたしはこれまで運転をしたことがなかった。ひと月、運転教習を受け、運転免許試験に合格した。わたしは二十八歳だった。

その車で初めていったのは、福祉事務所だった。六歳の娘がいて、ハイスクールの卒業証書があり、災難としかいいようのない病歴があり、借金がどっさりあった。選択肢はなかった。わたしは彼らにいった。「援助が必要ですが、大学にいかせてくれなければ受けとりません」

ありがたいことに、当時の福祉は今とちがった。彼らはそれを承知したので、わたしはまっすぐマンカトにいき、次の学期に登録した。四年後の一九八一年、最優等で卒業するという、このうえない名誉を手にした。一般教養の学位、心理学と女性研究のふたつの専攻、副専攻に人類学と図書館学。福祉事務所がすべての費用を払ってくれた。授業料、家賃、生活費。きょうだいのデイヴィッドとマイクは卒業せずに中退したので、三十二歳にして、わたしはジプソン家で初めて四年制大学の卒業証書を手にする人間になった。十二年後、ジョディが二番目の人間になるだろう。

かくれんぼ

　卒業後、心理学者になるには大学の学位だけでは足りないことを思い知らされた。生計をたてるために、わたしは友人のトルーディの夫ブライアンの秘書の仕事を引き受けた。一週間後、わたしは彼にいった。「わたしを訓練するためにお金をむだにしないでください。ずっとここにいるつもりはありませんから」わたしはファイリングが嫌いだった。タイプも嫌いだった。三十二年生きてきて、命令されることにもうんざりだった。大人になってからほぼずっと、わたしはハートリー・ハイスクールで進路指導の教師が予言したような人間になろうと努力してきた。自分の前に敷かれた道をたどってきたのだ。同世代の大半の女性のように。もうそういう真似はしたくなかった。

　スペンサーに住んでいる妹のヴァルが、地元図書館が開館すると教えてくれた。当時、故郷に帰るつもりはなかった。それに図書館学を副専攻したものの、図書館で働くことを実際に考えたことはまったくなかった。だが面接を受けてみて、図書館の人たちのことを気に入った。一週間後、アイオワの北西部に戻り、スペンサー公共図書館の新しい副館長になった。

仕事を好きになるとは思っていなかった。ほとんどの人間のように、司書というのは本の裏側に返却期限のスタンプを押すだけの仕事だと思っていたのだ。しかし、それ以上の仕事があった。数カ月のうちに、宣伝キャンペーンやグラフィックデザインにどっぷりつかっていた。在宅プログラムも始めた。それは図書館を訪ねてこられない人々に、本を届けるというものだ。さらに図書館が中心となって、ティーンエイジャーに読書に興味を持たせる運動を始めた。養護施設や学校でのプログラムも作った。ラジオでさまざまな質問に答え、社交クラブや地元組織で講演をするようになった。わたしは全体的なものの見方をする人間だったので、地域社会で作られた強力な図書館はどこがちがうのかわかりはじめた。やがて図書館を経営する側の仕事にも関わりはじめた——予算交渉や長期的な計画——そして、のめりこんだ。これこそ、一生愛せる仕事だ、と悟った。

一九八七年に友人でありボスであるボニー・プルーマーが地方図書館管理局長に昇進した。わたしは図書館理事会の数人のメンバーと前もって話をして、新しい館長になりたいと伝えてあった。図書館で面接を受けた他の応募者とはちがい、わたしは理事会のメンバーの家でひそかに面接を受けた。というのも、身の程知らずだとみなされた人間にとって、小さな町は、居心地のいいねぐらからイラクサのやぶにあっという間に変わりかねないからだ。

理事会のメンバーの大半はわたしを気に入っていたが、懐疑的だった。彼らは何度もこうたずねた。「本当にこの仕事をこなせるという自信があるのかね？」

「五年間、館長の補佐をしてきたので、誰よりもその仕事についてよく知っています。スタッフも知っています。地域社会も知っています。図書館の問題についても知っています。最近の三人の館長は、管理局のポストに異動しました。今度も、この仕事を踏み台とみなしている人間を、本気で求めていらっしゃるんですか？」

「いいや、だがきみは本気でこの仕事を求めているのかい？」

「どんなにわたしがやりたがっているか、ご想像もつかないほどですよ」

人生は旅だ。旅を終えてきたあとでは、これがわたしの次のステップではなかったとか、この仕事にうってつけの人間ではなかったとかは、とうてい考えられない。わたしは過去の館長よりも年上だった。娘がいた。チャンスを軽々しく考えるつもりはなかった。

「ここはわたしの故郷です」理事会に訴えた。「他にいたい場所はありません」

翌日、理事会はわたしにその仕事を与えてくれた。

わたしには資格がなかった。それは意見ではなく、事実だった。わたしは頭が切れて、経験があり、勤勉だったが、館長の仕事には図書館学の修士号が必要で、わたしはそれを持っていなかった。わたしが二年以内に修士課程をとりはじめるなら、理事会は喜んでその事実を見のがすことになった。それは公平以上の条件に思えたので、わたしは仕事を引き受けた。

やがて、アメリカ図書館協会公認の修士課程がとれるいちばん近い場所は、五時間かかるアイオワシティだということがわかった。わたしはシングルマザーだった。フルタイムの仕事があった。それはとうていやり遂げられそうになかった。

現在は図書館学の公認修士課程はインターネットでも受講できる。だが一九八七年には遠隔地学習課程ですらみつけられなかった。さんざん探したのだが。とうとう、わたしの地域の行政官の要請によって、カンザス州エンポリアにあるエンポリア州立大学のジョン・ヒューランがその任を引き受けることになった。国内初のアメリカ図書館協会公認の遠隔地修士課程が、一九八八年秋にアイオワのスーシティで始まったのだ。そして、わたしはそのドアをくぐった最初の学生だった。

講義は楽しかった。図書館学は分類したり帳簿を調べたりすることではなかった。人口統計であり、心理学だった。予算とビジネス分析。情報処理の方法論。コミュニティリレーションズを学んだ。コミュニティ分析では骨の折れる十二週間を過ごした。それは利用者が求めているものを解明する技術だった。表面的にやるなら、コミュニティ分析は簡単だ。たとえばスペンサーではスキーについての本は置いていなかった。だが、湖は車で十二分のところにあったので、釣りやボートについては最新の情報を提供した。

だが、いい司書はさらに深く掘りさげる。地域社会では何を重視しているのか？　それはどこにあるか？　どんなふうに、なぜ変化してきたのか？　そしてもっとも重要なのは、どこに向かっているのか？　優秀な司書は頭の奥にフィルターができて、情報をとらえ、処理していく。大規模な農業危機？　たんに、レジメの書き方の本や仕事のマニュアル本だけを積んではだめだ。エンジン修理や、その他のコスト削減方法についての本を買おう。病院が看護師を雇う？　医学マニュアル本を更新して、コミュニティカレッジと組んで図書館の情報源を利用する手伝いをする。家庭の主婦が働くようになった？　夜に第二回のお話の時間を始め、昼間のあいだは養護施設向けだけにする。

資料は複雑で、宿題は山のようにあった。学生たち全員が働いている司書で、シングルマザーも何人かいた。全員がこの課程をなんとなくとっているのではなかった。最後のチャンスだったから、わたしたちは意欲的に取り組んだ。金曜の五時半から日曜正午までの授業にでることに加え——スーシティまでの二時間のドライブはもちろん——調査をして、週にふたつ、ときにはもっとたくさんレポートをだした。自宅にはパソコンはもちろんタイプライターもなかったので、五時に図書館の仕事を終えると、自分とジョディのために夕食を作り、そのあとでまた図書館に引き返して真夜中かもっと遅くまで宿題をした。

同時に図書館の改装に取り組みはじめた。一九八九年の夏までに終わらせたかった。改装に着手する前に何カ月もかかる作業があった。空間設計、区分けの組織的方法、身体障害者向け規則遵守《じゅんしゅ》について学んだ。色を選び、家具の配置図を描き、新しいテーブルと椅子の予算があるかどうか判断した（なかったので、古いものを磨き直した）。ジーン・ホリス・クラークとわたしは古い図書館と新しい図書館の正確な縮尺モデルを作り、貸し出しカウンターに置いた。すばらしい改装を計画するだけでは十分ではない。人々に興奮と情報を与えなくてはならなかった。デューイはモデルの片方で毎晩眠って、それを手助けしてくれた。

デザインが決定すると、次のステップに進んだ。建物から三万点以上の蔵書を運びだし、それをまた正しい場所に戻す計画だ。わたしは倉庫をみつけた。移動機材もみつけた。ボランティアを組織して、スケジュールを組んだ。そして、すべての計画、すべてのお金を記録し、図書館理事会に提出して、正当だと認めてもらわねばならなかった。

仕事と授業で長時間過ごし、わたしは肉体的にも精神的にも疲れきっていたし、学費は生活費を圧迫していた。だから市議会が雇用者用の教育基金を設立したときには、信じられなかった。市の雇用者が仕事の内容を高めるために学校に戻ったら、町がそれを負担してくれるというのだ。市の事務員のドナ・フィッシャーは基金で学位をとったが、彼女なら取得して当然だった。だが、わたしが市議会で修士課程について話したときは、暖かい反応ではなかった。

新しい市長、クレバー・メイヤーがテーブルの向かい側にすわっていた。クレバーは〈シスターズ・カフェ〉の有力者の典型で、ブルーカラーのまさに地《ち》の塩といえる人物だった。彼は八年生までしか学校にかよっていなかったが、大きな声、広い肩の持ち主で、スペンサーの現状を正確に把握していた。クレバーはガソリンスタンド、メイヤー・サービスステーションを経営していた。だが、そのごつい大きな手をみれば、彼が農場育ちだということはわかった。彼と父は小さい頃からの知り合いだった。そして、そう、クレバー（賢い）は彼の本名だった。

大声で怒鳴ったが、クレバー・メイヤーはみたこともないほどりっぱな男だった。必要とあらば、自分の着ているシャツだって脱いで貸してくれるだろう（ガソリンの染みつきで）。彼には他人を傷つけようという意図はまったくない。善意の人で、スペンサーを心から気にかけていた。だが昔ながらの頑固な人間で、自説を曲げず、ぶっきらぼうな態度をとった。わたしが修士課程について話すと、クレバーは拳でテーブルをたたいて怒鳴った。「あんた、自分を誰だと思っているんだ？　市の雇用者か？」

地元の弁護士で、市議会のメンバーの一人でもあるデイヴィッド・スコットが、数日後にわたしのところにやってきて、わたしの費用の件でとりなしてあげようといった。やはり、わたしは市の雇用者だったのだ。

「大丈夫です」わたしは彼にいった。「そんなことをしたら図書館の評判に傷がつくだけですから」わたしはデューイがはぐくんできた善意をだいなしにするつもりはなかった。

そのかわり、もっと一所懸命に働いた。学校の勉強にさらに時間をさいた。レポートを書き、リサーチして、研究した。改装計画にももっと熱心に取り組んだ。計画、リサーチ、予算の捻出《ねんしゅつ》。図書館を毎日きちんと機能させるために、さらに仕事があった。そのすべてのせいで、不幸なことに娘と過ごす時間が少なくなった。ある日曜、ちょうどスーシティを出発しようとしたときに、ヴァルから電話がかかってきた。

「ハイ、ヴィッキー。こんなことはいいたくないんだけど、ゆうべ……」

「何があったの？　ジョディはどこ？」

「ジョディは大丈夫よ。だけどあなたの家が……」

「え？」

「あのね、ヴィッキー、ジョディが友だちとパーティーをしたの。で、ちょっと羽目《はめ》をはずしちゃったのよ」妹は言葉を切った。「これから二時間、最悪のことを想像していて。そうすれば、目にしたものを喜べるわ」

家はひどいことになっていた。ジョディと友人たちは朝になって掃除をしたが、絨毯《じゅうたん》には……そして天井には染みがついていた。バスルームのキャビネットの扉は蝶番《ちょうつがい》からはずれている。レコードは一枚残らず壁に投げつけて割られていた。暖房の通気口にビールの缶がいくつもねじこまれている。わたしの薬はなくなっていた。一人の落ち込んだ子どもがバスルームに閉じこもって、エストロゲンを過剰摂取しようとしたのだ。あとから、警察が二度も呼ばれたことを知ったが、フットボールチームがパーティーにいたのと、優勝シーズンだったことで、警察はお目こぼしをしたのだった。家の混沌状態はたいして気にならなかった。だが、ジョディはわたしなしで大人になりつつある、ということを改めて思い知らされた。より熱心に仕事をすることで克服できない唯一のことが、娘との関係だったのだ。

皮肉にも、すべてを正しくみていたのはクレバー・メイヤーだった。ある日、彼がわたしの車にガソリンを給油しているときに――たしかに市長だったが、それはパートタイムの仕事だった――ジョディのことが話題になった。「心配いらないよ」彼はいった。「子どもが十五歳を過ぎたら、親は世界でいちばんまぬけな人間になるんだ。だが二十二歳を過ぎたら、また利口な人間に戻るんだから」

仕事、学校、家庭生活、ちょっとした地元の駆け引き、わたしはストレスを感じながらやってきた。深呼吸をして、おなかを引きしめ、前よりももっと背のびするように自分に強いた。ずっと他人の助けを借りずに自分の力で生きてきた。対処できない状況なんて存在しないわ、と自分にいいきかせた。深夜図書館で一人、物思いにふけり、何も映っていないパソコンのスクリーンをみているときだけ、プレッシャーを感じた。一日のうち初めて静けさを感じたそのときだけ、わたしは自分のよりどころが揺らぐのを感じた。

閉館後の図書館は寂しい場所だ。怖くなるほど静かで、いく列もの書棚が数え切れないほど暗い不気味な影を作りだしている。知り合いの司書のほとんどが、閉館後の図書館に、とりわけ暗くなってからは決して一人でいようとはしない。だが、わたしは不安になったりおびえたりしたことはなかった。わたしは強かった。頑固だった。そして、何よりも一人きりではなかった。デューイがいた。毎晩、わたしが仕事をしていると、彼はパソコンのモニターの上にすわり、のんびりと尻尾を前後に揺らしていた。レポートで行き詰まっても、疲労やストレスで、わたしがゆきづまると、デューイはわたしのひざかキーボードに飛びのってきた。「もういいよ」彼はいった。「遊ぼう」デューイにはタイミングをはかるすばらしい才能があった。

「わかったわ、デューイ。あなたが先よ」

デューイのゲームはかくれんぼだった。わたしがその言葉を口にするなり、彼は角を曲がって図書館の本館に入っていく。二度に一度は、すぐに長毛の赤茶色の猫の背中をみつける。デューイにとって、隠れることは書棚のあいだに頭を突っ込むことで、尻尾があることを忘れているようだった。

「デューイはどこかしら」わたしは大声でいいながら、そっと彼に近づいていく。「みつけた！」一メートルぐらいまで近づくと叫び、デューイはぱっと逃げていく。

もっと上手に隠れることもある。いくつかの書棚をのぞいてもみつからず、角を曲がると、デューイお得意の大きな笑みを浮かべながら、こちらに駆け寄ってくる。

「ぼくをみつけられなかったね！　みつけられなかったね！」

「不公平よ、デューイ。たった二十秒しかかくれないんですもの」

ときどき狭い場所に体を押しこんで、じっとしていることもある。わたしは五分ぐらい探してから、彼の名前を呼びはじめる。「デューイ！　デューイ！」書棚の列にかがみこんだり、本のあいだをのぞいたりしていると、暗い図書館はがらんとして感じられるが、わたしはいつもデューイがどこかに隠れている姿を想像した。すぐ目と鼻の先でわたしを笑っている姿を。

「わかった、デューイ、もういいわ。あなたの勝ちよ！」答えはない。あの猫はどこにいってしまったのだろう？　角を曲がると、そこに彼はいる。通路の真ん中にたって、わたしをじっとみつめている。

「まあ、デューイ、なんてお利口さんなの。さあ、今度はわたしの番よ」

わたしは走っていって書棚の陰に隠れる。そうすると、必ずふたつのうちどちらかが起きた。隠れ場所までいって、振り向くと、デューイが目の前にたっている。彼はわたしをつけてきたのだ。

「みつけた。簡単だよ」

彼のもうひとつのお気に入りは、書棚の反対側を回って、わたしの隠れ場所に先回りすることだった。

「へえ、ここに隠れるつもりだったの、でも、ぼくはとっくにそれを見抜いていたよ」

わたしは笑いながら、彼の耳の後ろをなでてやった。「すごいわ、デューイ。しばらくただ、かけっこしましょう」

わたしたちは棚のあいだを走っていき、通路のはずれで鉢合《はちあ》わせした。どちらもちゃんと隠れず、どちらも本気で探さなかった。十五分ぐらいすると、わたしはリサーチのことも、改装計画のために帳尻をあわせなくてはならない最近の予算のことも、ジョディとの残念な会話のことも、完全に忘れてしまう。何に悩んでいたにしろ、きれいに頭から消えてしまうのだ。よくいうように、重石《おもし》がとりのぞかれるのだ。

「さて、デューイ。仕事に戻りましょう」

デューイは決して文句をいわなかった。わたしは椅子にすわり、彼はモニターの上の見張り場所につき、尻尾をスクリーンの前で揺らしはじめる。次に彼を必要としたときも、彼はそこにいた。

そうしたデューイとのかくれんぼのおかげで、いっしょに過ごしたひとときのおかげで、どうにか切り抜けられたといってもいいだろう。今はもう、わたしが泣いているあいだ、デューイがわたしのひざに頭を埋めて哀れっぽく鼻を鳴らしていたとか、わたしの顔の涙をなめてくれたと話したほうがわかりやすいだろう。それなら誰にでも理解できる。それにほぼ正しかった。ときどき天井がわたしの上に落ちてくる気がして、目に涙をためてぼんやりとひざをみつめていると、デューイがひざにのってきた。彼はまさに、わたしが必要としている場所にいてくれたのだ。

だが人生はきちんと割り切れないものだ。わたしたちの関係は数滴の涙では結びつけられない。ひとつには、わたしはあまり泣き虫ではなかった。それに、デューイは愛を示してくれるとき——いつも喜んで深夜に抱きしめられたが——愛情を押しつけなかった。なぜかデューイは、いつちょっと鼻でつついたらいいか、いつわたしが暖かい体を必要としているか、あるいはいつ頭を空っぽにできるばかばかしいかくれんぼがいちばん効果があるか、ちゃんとわきまえていたのだ。それに何であろうとわたしがほしいものを、彼は躊躇せず、お返しも期待せず、質問もせずに与えてくれた。それはただの愛ではなかった。それ以上のもの。尊敬だった。共感だった。しかも、それは双方向のものだった。出会ったときに、その火花をわたしもデューイも感じたのではないだろうか？　図書館で二人きりで過ごした夜は火花が炎になった。

おそらく……わたしの人生のすべてがこれほどに複雑で、一度にさまざまなことが起きて、ときにはばらばらになりそうだと感じているとき、わたしとデューイの関係はきわめて単純で、とても自然だった。そのことこそ、その関係を申し分のないものにしたのだ。

クリスマス

クリスマスはスペンサーの町が一丸《いちがん》となってお祝いする休暇だ。農夫や製造業者にとっては暇な時期で、リラックスして、貯めてきたお金を商店にばらまく時期なのだ。この季節の活動として、「そぞろ歩きの旅」というグランド・アヴェニューのウォーキングツアーが、十二月の最初の週末から始まった。通り全体に白いライトがつるされ、建物の繊細な輪郭をきわだたせるおそろいのディスプレイが飾られる。クリスマスの音楽が流される。サンタクロースが子どもたちのおねだりリストを受けとりにやってくる。サンタの服を着た妖精たちは街角でベルを鳴らし、慈善のための寄付を集める。町の全住民が外にでて、笑い、しゃべり、温《ぬく》もりをわかちあおうとして互いに抱きしめあう。店は遅くまで開いていて、休暇用の品物を飾り、凍てつく寒さを締めだすためにクッキーとホットチョコレートをふるまう。

すべての商店のウィンドウが飾りつけられる。わたしたちはそれを「生きているウィンドウ」と呼んでいる。というのは、どのウィンドウでも地元住民たちがクリスマス休暇の一場面に出演しているからだ。一九三一年の大火と戦った消防自動車を含め、クレイ郡の工芸品コレクションを所有するパーカー博物館は、いつもさまざまな開拓者のクリスマスを演出した。あるウィンドウはさほど古くないクリスマスを設定して、ラジオ局のビラや陶器の人形を飾った。飼い葉桶が飾られたウィンドウもあった。おもちゃのトラクターや車を飾り、男の子の視点からのクリスマスの朝を作りあげたウィンドウもあった。ふざけたものにしろ感動的なものにしろ、滑稽でも真面目でも、ウィンドウをながめていると、これまで数え切れない人間がこの商店街をいったりきたりして、さらにまた数え切れない人間がやってくることを思わずにいられない。ウィンドウは、これぞスペンサーだといっているのだ。

ツリー・フェスティバルという、クリスマスツリーのデコレーション・コンテストが一番通りと五番通りの角でおこなわれる。そこはかつてスペンサー会議センターだったが、現在ではイーグルズ・クラブになっている。軍隊関係の社交クラブで、慈善のための寄付金を集めるためにダンスやディナー会を開いていた。一九八八年はデューイにとって初めてのクリスマスだったので、図書館は「クリスマスはお好《ドゥウィ》き？」というタイトルでツリーをエントリーした。ツリーは他でもないデューイの写真で飾られた。さらにふわふわした子猫のオーナメントと、赤い毛糸の花輪を飾りつけた。ツリーの下のプレゼントは、『猫の写真集』とか『帽子の中の猫』といった猫の本で、きれいな赤いリボンが結ばれていた。ささやかな寄付で、来館者はツリーのあいだをみてまわれる。正式な審査はなかったが、「クリスマスはお好き？」が文句なく優勝だといって、いいすぎではなかったと思う。

グランド・アヴェニューのクリスマスと同じように、図書館のクリスマスは、さまざまな心配を追いやり、今このひとときに集中するものだった。ストレスの多い秋のあと、わたしは喜んで学校や改装のことを考えるのをやめて、気分転換に、夢中でツリーのデコレーションに取り組んだ。「そぞろ歩きの旅」のあとの月曜日、わたしたちは倉庫のいちばん上の棚から箱をおろして、クリスマス休暇の準備をした。目玉は貸し出しカウンターの横に置かれる、大きな人工のクリスマスツリーだった。十二月の最初の月曜日、毎年シンシア・ベアレンズとわたしは早めに出勤し、ツリーを組み立てて飾りつけをした。シンシアはスタッフのなかでもとびぬけて勤勉で、どんな仕事でも熱心にボランティアを買ってでてくれた。だが、今年、彼女はどういう羽目になるのかを知らなかった。というのも、細長いクリスマスツリーの箱を高い棚からおろしたとき、わたしたちには相棒がいたのだ。

「今朝、デューイは興奮しているわ。この箱の外見が気に入ったんじゃないかしら」

「さもなければ、プラスチックの匂いがね」一分間に九十の匂いを嗅ぎつけ、デューイがこう考えているのが目にみえるようだった。「そんなことってある？　ママがずっと世界でいちばん大きくて、見事で、とってもいい匂いのする輪ゴムを隠していたなんて？」

箱からクリスマスツリーをとりだすと、わたしはデューイが口をポカンと開けるのがみえた気がした。

「これは輪ゴムじゃない……でも……ずっといい」

箱から枝をとりだしていると、デューイはそれに飛びついた。デューイは緑の針金の枝に生えている緑のプラスチックを、一本一本匂いを嗅いでは嚙みたがった。ツリーからプラスチックの細い葉をむしりとって、もぐもぐやりはじめた。

「それを返しなさい、デューイ！」

彼はプラスチックの破片を床に吐きだした。それからさっと箱のほうに飛んでいって、シンシアがちょうど次の枝をとりだそうとしているところに、頭を突っ込んだ。

「あっちにいって、デューイ」

シンシアは彼をひっぱりだしたが、すぐに湿った鼻のてっぺんに緑の葉をつけて戻ってきた。今度は頭全体を箱に突っ込んだ。

「これじゃ仕事ができないわ、デューイ。残りのツリーを箱からだしてもらいたくないの？」

どうやら答えは「そのとおり」らしかった。というのも、デューイは頑《がん》として動こうとしなかったからだ。

「ほら、デューイ、そこからでてちょうだい。片目がつぶれたら大変よ」シンシアは彼をしかっているのではなく、笑っていた。デューイはいうことをきいて箱から飛びだしたが、今度は床の枝の束の中にもぐりこもうとした。

「一日かかりそうだわ」シンシアはいった。

「それで終わればいいけど」

シンシアが最後の枝を箱からとりだすと、わたしはツリーを組み立てはじめた。デューイは飛び跳ね、にやにやしながら、わたしの一挙一動を見張っていた。やってきてちょっと匂いを嗅ぎ、なめてみると、さっと離れてながめる。猫は興奮のあまり爆発してしまいそうにみえた。「早く、早く。ぼくの番がくるのを待っているんだから」一年のうちで、こんなにうれしそうな彼はみたことがなかった。

「あら、だめよ、デューイ、もうだめ」

ちらっとみると、デューイがクリスマスツリーの箱にもぐりこんでいた。ダンボール箱にこびりついた匂いを嗅ぎ、前足でひっかいているのだ。彼の姿がすっかりみえなくなったと思ったら、数秒後に箱が床でぐらぐら揺れはじめた。動きがやむと、彼は頭を突きだし、周囲を見回した。半分完成したツリーをみつけ、すばやく走っていくと下のほうの枝を噛みはじめた。

「新しいおもちゃをみつけたようね」

「新しい愛をみつけたんだわ」わたしはツリーの幹になっている緑の棒の刻みに、てっぺんの枝をとりつけた。

そのとおりだった。デューイはクリスマスツリーがすっかり気に入ってしまった。その匂いが大好きだったのだ。その感触も。その味も。すっかり組み立てたツリーを貸出しカウンターのわきに置くと、彼はその下にすわりたがった。「もう、ぼくのものだよ」デューイは何度かぐるぐる幹を回りながらいった。「ぼくたちを放っておいて」

「悪いけど、デューイ。まだやることがあるの。飾りつけもまだしてないのよ」

オーナメントがとりだされた。今年の色の新しいピカピカした飾り、今年のテーマに沿った写真や特別な装飾。ひもがついた天使。サンタクロース。ラメがついた光るボール。リボン、飾り、カード、人形。デューイはすべての箱に走り寄ったが、布や金属、フック、照明にはほとんど興味を示さなかった。図書館にこれまで飾った古いクリスマスツリーのすりきれた部品でわたしがこしらえたリースには、心を奪われたようだったが、古いプラスチックは新しいピカピカのものにはかなわなかった。すぐに彼はツリーの下の定位置に戻った。

わたしたちはオーナメントをぶらさげはじめた。デューイは次にどのオーナメントがとりだされるか知ると、その箱に入った。それから足もとにやってきて、靴ひもにじゃれついた。そして木の下に横たわり、プラスチックの匂いを吸いこんだ。しばらくすると姿がみえなくなった。

「あのガサガサいう音は何？」

オーナメントをしまっておくのに利用していたビニールの食料品袋の持ち手のあいだから、いきなりデューイの頭が突きでて、わたしたちをびっくりさせた。彼は袋をかぶったまま図書館の端まで駆けていき、またこちらに戻ってきた。

「つかまえて！」

デューイは追っ手をかわして、走り続けた。まもなくまたこちらに戻ってきた。シンシアは正面ドアあたりで待ちかまえた。わたしは貸し出しカウンターのあたりにたった。デューイは二人のあいだを猛烈な勢いで駆け抜けていった。彼の目つきからして、パニックになっていることがわかった。どうやったら首に巻きついたビニール袋から抜けられるかわからないのだ。彼はただ、こう考えていた。「走り続けろ。そうしたらこの怪物を振り落とせる」

まもなくスタッフ四、五人が彼を追いかけはじめたが、デューイは身をかわし、走るのをやめようとしなかった。とうとう全員がげらげら笑いはじめた。

「ごめんね、デューイ。だけど、すごくおかしいのは認めるでしょ」

とうとう隅に追いつめ、デューイはおびえてもがいたが、どうにか袋をはずすことに成功した。デューイはただちに新しい親友、クリスマスツリーのところに走っていき、枝の下に寝そべると、心を落ち着かせるために全身を舌でなめて、最後に耳の中まで前足で洗って仕上げをした。きっと今日遅くか明日の朝には、毛玉を吐きだすだろう。しかし、彼は少なくともひとつの教訓を学んだ。その後、デューイはビニール袋が大嫌いになった。

図書館にクリスマスツリーを飾った初日は最高だった。スタッフは一日じゅう笑っていて、デューイは一日じゅう――もちろんビニール袋をかぶって走ったときはのぞき――うっとりと幸福感に酔《よ》いしれていた。彼のクリスマスツリーに対する愛は決してなくならなかった。毎年棚から箱がとりだされるたびに、跳ね回った。

毎年、司書たちは感謝している利用者から、いくつかの贈り物をもらう。だが、その年、わたしたちがいただいたチョコレートやクッキーは、デューイがもらった山のような、ボール、ごちそう、おもちゃのネズミの前ではとてもささやかにみえた。町じゅうの人間がデューイ――とわたしたちに――彼がとても大切な存在だと伝えたがっているようだった。プレゼントのなかにはとてもしゃれたおもちゃがあったし、すばらしい手作りの品もあったが、デューイがクリスマスにいちばん気に入ったおもちゃは、プレゼントされたものではなかった。オーナメントの箱でみつけた、ひとかせの赤い毛糸だった。それはクリスマス時期だけではなく、その後何年もデューイの変わらぬ相棒になった。そのかせをはたいて図書館の床をすべらせていき、数十センチの毛糸が飛びでてくると、それに飛びつき、取っ組み合い、すぐに体じゅうに毛糸を巻きつけてしまう。何度も赤茶色の猫が赤い毛糸を口にくわえ、毛糸の束を後ろにひきずって、スタッフエリアを走り抜けていく姿を目撃したものだ。一時間後、彼はクリスマスツリーの下に伸びている。赤い友人を四本の足にからみつかせたまま。

クリスマス時期、図書館は数日間閉館するので、デューイはわたしといっしょに家にやってくる。だが、ほとんどの時間を一人で過ごすことになった。ハートリーのクリスマスは、ジプソン家の伝統だったからだ。クリスマスには全員が両親の家にやってきた。

もしこなかったら、勘当《かんどう》されただろう。クリスマス休暇の催しを欠席することは許されなかったし、催しはどっさりあった。豪勢な食事。飾りつけパーティー。子どもたちのためのゲーム。クリスマスキャロル。デザートとクッキー。大人向けのゲーム。クッキーとかささやかなものをおみやげにたちよる親戚たち。スーシティでみかけるようなちょっとしたものをみつくろって持ってくるのだ。一年分の積もる話が繰り返し語られる。家族のツリーにまつわる話が必ずあった。プレゼントはたいしたものではなかったが、大家族に用意するために、ジプソン家全員が一週間を費やさねばならなかった。そして、それがなによりの贈り物だった。

とうとう誰かが必ずいった。「《ジョニー・ム・ゴー》を弾《ひ》こう」

父と母は古道具を集めていて、数年前、それを使ってジプソン家のバンドを作ったのだ。わたしはベースを弾いた。それは洗面器のてっぺんにほうきの柄《え》をつけ、糸を張ったものだった。妹は洗濯板を演奏した。父とジョディはスプーンふたつを打ちあわせて、リズムを刻んだ。マイクは油紙で包んだくしを吹いた。ダグは密造酒造り用の壺の口を吹いた。もちろん古い壺で、本来の目的に使われたことはなかった。母は開拓時代の木製のバター攪乳器《かくにゅうき》を逆さにして、ドラムのようにたたいた。わたしたちの歌は《ジョニー・ビー・グッド》だった。だがジョディが小さかったとき、舌足らずに「《ジョニー

・ム・ゴー》を弾いて」といっていたので、その名前が定着してしまった。毎年、わたしたちは《ジョニー・ム・ゴー》や他の古いロックンロールの歌を夜更《よふ》けに手製の楽器で演奏した。田舎の伝統に敬意を表して。もっともアイオワのこのあたりには、そんな伝統などこれまで存在しなかっただろうが。そのあいだじゅう、ずっと笑いあっていた。
クリスマスイブの真夜中のミサが終わると、ジョディとわたしはデューイのいるわが家をめざした。彼は今か今かとわたしたちの帰りを待っていた。わたしたちはスペンサーでクリスマスの朝をいっしょに過ごした。二人と一匹だけで。デューイにプレゼントすらあげなかったが、そんなことをして何になるだろう？ 彼はすでに必要以上のものをもらっていた。それに一年間共に過ごして、わたしたちの関係は記念の贈り物や義務的な関心という段階をとうに超えていた。何も形で示す必要はなかった。デューイが望んだのは、というかわたしに期待したのは、毎日、数時間をさいてくれることだけだった。わたしも同じように感じていた。その午後、わたしはジョディを両親の家に送ると、家に戻ってデューイとソファで過ごした。何もせず、何もいわず、昔ながらの親しい友人同士のように、二人でただごろごろしていた。

りっぱな図書館

りっぱな図書館は大きかったり美しかったりする必要はない。最高の設備とか、非常に有能なスタッフとか、最高の利用者は必要ない。りっぱな図書館は必要なものを与えてくれる。地域社会の生活にすっかり溶けこんでいるので、かけがえのない存在になっている。いつもそこにあるので、誰も気づかないのがりっぱな図書館だ。そしてみんなが必要とするものを常に与えてくれる。

スペンサー公共図書館は一八八三年にH・C・ケアリー夫人の客間に開かれた。一九〇二年にアンドリュー・カーネギーが町に新しい図書館のために一万ドルを寄付してくれた。カーネギーは国じゅうの農夫を工場労働者、油田労働者、鉄精錬工に変えた産業革命の申し子だった。カーネギーは創設したカーネギー鉄鋼会社（のちのUSスチール）を国でもっとも成功した企業に育てあげた、無慈悲な資本主義者だった。彼はバプティストでもあり、一九〇二年には自分の富を価値ある理念のために与えることに熱心になっていた。その理念のひとつが、小さな町に図書館を作るための補助金を与えるというものだった。スペンサーのような町にとって、カーネギー図書館はハートリーやエヴァリーなどよりも、はるかに町が評価されていたことを示すものだった。

スペンサー公共図書館は一九〇五年三月六日に、グランド・アヴェニューから半ブロック離れた東三番通りに開館した。カーネギーは古典的な様式とシンメトリーなデザインを求めたので、まさに典型的なカーネギー図書館だった。エントランスホールには、三つのステンドグラスの窓があり、二枚は花模様で、一枚は「図書館《ライブラリー》」という言葉が入ったものだった。司書は中央の大きなデスクにすわり、カードの引き出しに囲まれていた。周囲の部屋は小さく、中庭を囲むように配置され、天井まで書棚があった。公共の建物が性別によって分けられていた時代に、男性も女性も自由にどの部屋にもはいることができた。カーネギー図書館は、司書に頼まず、利用者が自由に棚から本を選べる最初の図書館だった。

歴史家のなかには、カーネギー図書館を飾り気がないと表現する人がいるが、たしかにニューヨークやシカゴのような都会の華やかな中央図書館に比べればそうだろう。そういう図書館は彫刻をほどこされた装飾帯があり、天井には凝《こ》った絵が描かれ、クリスタルのシャンデリアがぶらさがっている。しかし地元女性の客間やグランド・アヴェニューの店に比べれば、スペンサー図書館はありえないほど装飾的だ。天井は高く、窓は大きい。半地下の階は子どものための図書室で、子どもたちが家に閉じこめられていた時代には革新的な試みだった。子どもたちは円形のベンチにすわって本を読むことができ、頭上の窓からは、たいらな緑の芝生が広がる庭をながめることができた。建物の床はすべて黒っぽい木でできていて、磨きぬかれた幅広のものだった。歩くときしみ、しばしばきこえる物音はそのきしみだけだった。そこは本が朗読されるのをきく場所ではなく、本を閲覧するところだった。博物館でもあった。教会のように静まりかえっていた。あるいは修道院のように。いわば学ぶことの聖堂で、一九〇二年には学ぶことは本を意味した。

図書館というと、多くの人がカーネギー図書館を思い浮かべた。わたしたちが子どもの頃はそういうものが図書館だったのだ。静けさ。高い天井。中央にある貸し出しデスク、落ち着いてどっしりした女性の司書（少なくともわたしの記憶では）。こうした図書館はそこで迷子になると、二度と誰にもみつけてもらえないと子どもたちに信じさせるべく設計されているように思えた。しかも、それがとてもすばらしいことだと。

わたしが一九八二年に雇われた頃には、古いカーネギー図書館はなくなっていた。その図書館は美しかったが小さかった。成長しつつある町には小さすぎたのだ。土地の証書では、そこは図書館に利用する、さもなければ所有者に返還することと明記されていた。そこで一九七一年、町は古いカーネギー図書館を壊して、もっと大きくモダンで効率的な図書館を建設した。そこにはきしむ床板も、薄暗い照明も、威圧的な高い書棚も、迷子になるような部屋もなかった。

それが大失敗だった。

スペンサーの町は伝統的な様式で造られていた。小売店の建物はレンガ造りで、三番通り沿いの家々は二階か三階建ての木造の下宿屋だった。新しい図書館はコンクリート造りだった。平屋建てで、角に石炭箱のように建っていた。もともとの広い芝生はなくなり、ふたつの小さな庭園になった。植物を育てるには日陰すぎたので、まもなく岩で埋めつくされた。ガラスの正面ドアは通りからひっこんでいたが、入り口は囲いがあって入りにくい雰囲気だった。町の中学校に面した東側の壁は頑丈なコンクリートだった。グレース・レンジッグは一九七〇年代後半に図書館理事会の理事に立候補して、東側の壁沿いに蔦《つた》を植えさせようとした。数年後には蔦を植えたが、結局彼女は理事として十二年ほどとどまった。

新しいスペンサー公共図書館はモダンだったが、効率の点では落ちた。おまけに猛烈に寒かった。ガラスの壁が北に面していて、すてきとはいいがたい路地を望めた。冬になると、図書館の裏側を暖めることはできなかった。仕切りのない間取りだったので、倉庫用のスペースがなかった。スタッフエリアに割り当てられた場所もなかった。電源コンセントは五つしかなかった。地元の職人が作った家具は美しかったが、非実用的だった。テーブルには太い支柱がついていたので、余分に椅子を並べることができなかった。しかも黒いラミネートのトップがついた頑丈なオーク製だったので、重くて動かせなかった。絨毯《じゅうたん》はオレンジ色で、ハロウィーンの悪夢を連想させた。

簡単にいってしまえば、その建物はスペンサーのような町にはふさわしくなかったのだ。図書館はちゃんと運営されてきた。蔵書はすばらしかった。とりわけスペンサーのような規模の町にしては。歴代の館長たちは、常に新しい技術やアイディアを率先して取りいれてきた。意気込み、専門家意識、専門知識に関しては、図書館は一流だった。しかし一九七一年以降、そのすべてがまちがった建物に押しこまれてしまった。外観は周囲に溶けこんでいないし、インテリアは実用的でもなく親しみやすくもない。すわってリラックスしようという気にさせず、あらゆる意味で冷たかった。

一九八九年の五月にわたしたちは改装にとりかかった――それを活性化のプロセスと呼ぼう。ちょうどアイオワの北西部が目覚め、茶色から緑へと変わりつつある季節だった。芝生は急に刈る必要がでてきて、グランド・アヴェニューの並木は新しい葉をつけはじめた。農場では作物が土から芽をだし、葉をつけ、ようやく器具を修理し、畑をたがやし、種をまいた成果を目《ま》の当たりにできるようになった。気候が暖かくなった。子どもたちは自転車をとりだしてきた。ほぼ一年がかりの計画ののち、図書館ではついに作業を開始することになった。

まず改装の第一段階はむきだしのコンクリートの壁を塗ることだった。壁にボルトで固定された高さ二・七メートルの書棚はそのまま残すことにしたので、スタッフのシャロンの夫でもあるペンキ屋のトニー・ジョイは、ただ掛け布を広げ、はしごを書棚にたてかければよかった。だがトニーがそうするやいなや、デューイははしごを登っていった。

「ほら、デューイ、おりるんだ」

デューイはきく耳を持たなかった。彼が図書館にきてから一年以上たっていたが、二・七メートルの高さから館内をながめたことはなかったのだ。すばらしいながめだった。デューイははしごから書棚のてっぺんに飛びのった。あと数歩で、彼は手の届かないところにいってしまうだろう。

トニーがはしごを動かした。デューイもまた移動した。トニーはてっぺんまで登り、ひじを書棚につくと、頑固な猫をながめた。

「それはいい考えじゃないぞ、デューイ。おれはこれからこの壁にペンキを塗るんだ。で、おまえはそこに体をこすりつけるだろ。ヴィッキーは青い猫をみつけることになる。そうなったらどうなると思う？　おれはクビになっちまう」デューイはただ図書館をながめているだけだった。「おまえは気にしないんだな。まあ、警告はしたよ。おーい、ヴィッキー！」

「ここよ」

「みてたよね？」

「公平な警告だわ。あなたに責任をかぶせないわよ」

デューイのことは心配していなかった。彼はみたこともないほど用心深い猫なのだ。足を踏みはずすことなく書棚をおりてきた。猫がよくやるように飾ってあるものにわき腹をこすりつけたが、ひとつも倒さなかった。彼なら濡れたペンキにさわらずに棚を歩けるだけではなく、てっぺんのペンキ缶をひっくり返さずにはしごを登っていけるだろうとわかっていた。トニーのほうが心配だった。図書館の王様といっしょにはしごを使うのは楽ではないだろう。

「あなたさえよければ、その取り決めでかまわないわ」わたしは彼に叫んだ。

「一か八《ばち》かやってみるよ」トニーは冗談をいった。

数日のうちに、トニーとデューイは固い絆で結ばれていた。というより、トニーとデュークスターといったほうがいいかもしれない。トニーはいつも彼をそう呼んでいた。トニーは、こんな男っぽい猫にデューイというのはやわな名前すぎると思ったのだ。地元の野良猫たちが、夜になると子ども図書室の窓の外に集まって、彼の名前をからかっているんじゃないかと気をもんだ。そこでトニーは本名はデューイではなく、ジョン・ウェインと同じでデュークだと決めた。「親しい友人だけがデュークスターって呼んだんだ」トニーは説明した。彼はいつもわたしをマダム大統領《プレジデント》と呼んでいた。

「この赤い色をどう思う、マダム大統領？」わたしが図書館を歩いているのをみかけると、彼はたずねた。

「わからないわ。わたしにはピンクにみえるけど」

だがピンクのペンキは、わたしたちの最大の心配事ではなかった。礼儀正しくて行儀のいい猫を、壁の書棚のてっぺんから追い払えなくなったのだ。ある日トニーが部屋の向こうにふと目を向けると、デューイが建物の反対側の書棚のてっぺんにいた。デューイにとってすべてが変わったのはそのときだった。好きなときに書棚のてっぺんに登れることに、デューイは気づいたのだ。自由にそこまであがり、ときにはまったくおりてこようとしなかった。

「デューイはどこなの？」毎月第一土曜の定例会議に集まる系図学《けいず》クラブの面々はたずねた。図書館に集まる他のすべてのクラブと同じように――図書館のラウンド・ルームは町でいちばん大きな無料の会議場所だったので、いつも予約でいっぱいだった――クラブのメンバーたちは、デューイのもてなしに慣れていたのだ。会議が始まると、デューイがテーブルの真ん中に飛びのってくるのが恒例だった。デューイは会議の参加者たちを見渡し、テーブルについている一人一人に歩み寄り、手を嗅いだり、顔をのぞきこんだりした。一周すると、一人を選んでそのひざに丸くなった。会議で何が話し合われているかは関係なかった。デューイはいつもの手順を早めたり、変えたりすることは一度もなかった。そのリズムを壊すには、彼を外に放りだしてドアをぴしゃりと閉めなくてはならなかった。

デューイの出迎えは最初のうち抵抗感があったようだ。とりわけ、ラウンド・ルームで頻繁に集まるビジネスや政治のグループには。だが、数カ月するとセールスマンですら、それを呼び物とみなすようになった。系図学クラブはそれをゲームのように扱った。というのも、毎月デューイは会議中にいっしょに過ごす相手を変えたからだ。彼らはここにこしながら、お話の時間の子どもたちのように、デューイを自分のひざにおびきよせようとした。

「デューイは最近、別のところに興味がいってるの」わたしは彼らにいった。すると「トニーが図書館のペンキを塗りはじめてから、決まった行動をとらなくなったのよ。だけど、あなたたちがここにきていることは、絶対に気づいているはずよ」

すると、合図をされたかのように、デューイはドアからはいってきてテーブルに飛びのり、いつものように一周しはじめた。

「何かあったら知らせてください」わたしはそういって、図書館の中央部分に戻っていった。誰も何もいわなかった。みんなデューイに注目していたのだ。「ずるいわよ、エスター」遠くの会議室の声がかすかにきこえた。「あなた、ポケットにツナをいれているにちがいないわ」

三週間後、トニーがペンキ塗りを終えたとき、デューイはちがう猫になっていた。おそらく実は本物のデューク（公爵）だと思うようになったのだろう。というのも、急に昼寝とひざだけでは満足しなくなったのだ。探検をしたがるようになった。それによじのぼること。そしていちばん重要なのは、よじのぼる新しい場所をみつけることだった。有名な登山家にちなんで、わたしたちはこれをデューイのエドマンド・ヒラリー熱と呼んだ。自分なりのエベレストのてっぺんまでたどりついたと思えるまで、彼は上にのぼることをやめなかった。それをひと月もしないうちに達成したのだが。

「今朝、デューイをみかけた？」貸し出しデスクにいたオードリー・フィーラーにたずねた。「朝食に現われなかったけど」

「みかけてないわ」

「みかけたら教えて。病気じゃないことを確認しておきたいの」

五分後、図書館では場ちがいな言葉をオードリーが口にするのがきこえた。「うわ、うっそー！」

彼女は図書館の中央にたって、上をみていた。なんと、照明のてっぺんにデューイがいて、こちらをみおろしていた。

わたしたちがみているのに気づくと、デューイは頭をひっこめた。たちまち姿がみえなくなった。見守っていると、デューイの頭が一メートルほど先の照明のところにまた現われた。それからまたみえなくなり、今度は一メートルほど先に現われた。照明は三十メートルにわたってとりつけられていたので、どうやらデューイはずっとそこにいてわたしたちを観察していたようだった。

「どうやって、おろしたらいいかしら？」

「市に連絡したほうがいいかもしれない」誰かが提案した。「はしごを持った人を派遣してくれるわ」

「彼がおりてくるのを待ちましょう」わたしはいった。「あそこでいたずらをしているわけじゃないし、結局、おなかがすいたらおりてくるわよ」

一時間後、デューイはわたしのオフィスにトコトコはいってきた。遅い朝食を食べた口をなめながら、わたしのひざに甘えて飛びのった。新しいゲームにすっかり興奮しているようだったが、おおげさなことにはなりたくなかったのだ。彼がこうたずねたくて、うずうずしていることがわかった。「ねえ、あれをどう思った？」

「話題にするつもりもないわ、デューイ」

彼は首を傾げてわたしをみあげた。

「本気よ」

「わかったよ。じゃあ、お昼寝する。興奮した朝だったからね」

みんなにきいたが、誰も彼がおりてくるところを目撃していなかった。彼がどうやってあそこまであがったかを解明するには、それから数週間、目を光らせていなくてはならなかった。まずデューイはスタッフルームの誰もいないデスクに飛びのる。それからファイルキャビネットの上に。そして、スタッフエリアを仕切っている間仕切りのてっぺんまで長いジャンプ。そこなら、スペンサーの歴史を描いた大きなキルトの陰に隠れることができた。そこからだと、照明まではほんの一、二メートルだった。

もちろん、家具の配置を変えることはできたが、いったんデューイが天井にとりつかれたら、年をとって関節がきしむようにならない限り、照明から照明へと渡り歩くのを阻止できないとわかっていた。猫があるものの存在を知らないときなら、それを遠ざけておくことは簡単だった。手はだせないが、それがどうしても手に入れたいものだと、遠ざけることはほとんど不可能だった。猫は怠惰《たいだ》ではない。絶対不可能な配置にしても、それを克服するためにせっせと努力するだろう。

おまけにデューイは照明にあがることが大好きだった。興味深い場所をみつけるまで、端から端まで何度もいったりきたりした。それから横になり、頭を照明のわきからたらして、見張るのだ。それは利用者たちにも大人気だった。デューイが歩いているとき、彼らが天井をみあげているのがみえた。彼らの頭は時計の振り子のように前後に揺れていた。利用者たちは彼に話しかけた。デューイが子どもたちに注意を向け、照明の縁《ふち》から頭をのぞかせただけで、子どもたちは興奮してキャーキャーいった。彼らはたくさんの質問をした。

「あそこで何をしているの？」

「どうやってあがったの？」

「どうして上にいるの？」

「やけどしない？」

「落ちたらどうするの？　死んじゃわない？」

「誰かの上に落ちてきたら？　二人とも死んじゃわない？」

子どもたちはデューイといっしょに天井にあがれないとわかると、彼におりてきてとせがむ。「デューイはあそこにいるのが好きなの」わたしたちは説明した。「遊んでいるのよ」とうとう子どもでも、デューイが照明の上にいるときは、その気にならないとおりてこないということを理解する。デューイは彼なりの小さな天国をそこに発見したのだ。

正式な改装は一九八九年七月におこなわれた。七月は図書館が暇な時期だからだ。子どもたちは学校が休みになる。つまり授業で図書館にくることや、放課後の非公式の保育がなくなるということだ。地元の税務署が、通りの向かいに倉庫用のスペースを提供してくれた。スペンサー公共図書館は五十五の書棚、五万冊の書籍、六千冊の雑誌、二千部の新聞、五千枚のアルバムやカセットテープ、千冊の系図学の本とバインダーがあり、その他にプロジェクター、映画スクリーン、テレビ、カメラ（十六ミリと十八ミリ）、タイプライター、デスク、テーブル、椅子、カード分類棚、ファイルキャビネット、オフィスの備品もあった。すべてに番号がふられた。番号は色分けされた方眼と一致していて、それは倉庫での場所と図書館での新しい場所の両方を示していた。ジーン・ホリス・クラークとわたしは、すべての棚、テーブル、デスクの位置を新しいブルーの絨毯にチョークで書いた。棚が二センチずれていても、作業者たちは移動しなくてはならなかった。通路の幅がぎりぎりだったし、アメリカ障害者法の規定があったからだ。棚が二センチずれていたら、次の棚は四センチずれかねない。そうなると、車椅子が奥の隅でつかえてしまうだろう。

引っ越しは実のところ地域社会の努力のたまものだった。ロータリー・クラブが本を運びだすのを手伝ってくれた。それを運び入れるのは、キワニス・インターナショナルが手伝ってくれた。ダウンタウン開発責任者のボブ・ローズは棚を移動させてくれた。ドリス・アームストロングの夫ジェリーは一週間以上かけて、百十枚の新しいスチールプレートを書棚の端にとめてくれた。少なくとも一枚のプレートにつき、ボルトは六本必要だったが、文句ひとついわなかった。みんながボランティアを買ってでてくれた。系図学クラブ、図書館理事会、教師、保護者たち、スペンサーの図書館友の会の九名のメンバー。ダウンタウンの商店も参加してくれ、全員に無料で飲み物や軽食がふるまわれた。

改装は規則正しく進んでいった。きっかり三週間かかり、ハロウィーンの悪夢は中間色のブルーの絨毯とカラフルに張り替えた家具に変わった。子ども用図書室に二人乗りのぶらんこ椅子を入れたので、母親は揺れながら子どもたちに本を読んでやれた。クロゼットで、グローヴナーの版画を十八枚と古いペンとインクのスケッチを発見した。図書館にはそれを額装《がくそう》する予算がなかったので、地域の住人が一枚ずつ版画を借りることにして、額代を支払ってくれた。新しく設置した棚は、目を本に惹きつけた。そこには何千冊ものカラフルな背表紙が並び、のんびり歩き回って、本を読み、リラックスする利用者を待っていた。

クッキーとお茶を用意して、新しい図書館のお披露目《ひろめ》をした。デューイは誰よりも興奮した。三週間、彼はわたしの家に閉じこめられていて、そのあいだに彼の全世界がすっかり変わっていたのだ。壁はちがった。絨毯もちがった。すべての椅子とテーブルと書棚の位置がちがっていた。通りの向かいの倉庫に運ばれたせいで、本すら匂いが変わってしまった。

だが人々がやってくると、デューイは正面にある飲み物のテーブルに走っていった。そう、図書館は変わってしまったが、彼がこの三週間、もっとも恋しかったのは人々だった。デューイは図書館の友人と引き離されていたことが気に入らなかった。そしてみんなもデューイに会いたがっていた。クッキーをとりにいくときに、全員が足をとめてデューイをなでた。彼を肩にのせて、新たに並べられた書棚のあいだを歩き回る人もいた。他の人々はただ彼をながめ、話題にして、にこにこしていた。図書館は変わったかもしれないが、デューイは相変わらず王様だった。

一九八七年、デューイがわたしたちのところにやってくる前年と、一九八九年、改装の年のあいだに、スペンサー公共図書館の来館者は年に六万三千人から十万人に増えた。あきらかに何かが変わったのだ。人々は図書館についてちがう見方をし、もっと評価するようになった。しかも、スペンサーの市民だけではなかった。その年、利用者の十九・四パーセントがクレイ郡の別の町からやってきていた。また十八パーセントが周囲の郡からきていた。その数字をみれば、この図書館が近隣の中心になっていることに異を唱える人間はいないだろう。

改装も役立っていた。それについては疑問の余地がない。グランド・アヴェニューの活性化もだ。それに上向きつつある経済のおかげもある。それからエネルギッシュなスタッフ。そして、至れりつくせりのお楽しみプログラム。だが、いちばんの変化の原因、新しい人々を招き寄せ、スペンサー公共図書館をただの本の倉庫ではなく、出会いの場所にしたのは、デューイだった。

デューイの大脱走

　スペンサーでは七月末が一年でいちばんいい季節だ。トウモロコシは三メートルの高さになり、金色と緑色に色づいている。とても高いので、一・六キロごとに道路が直角に交差している場所では、丈《たけ》を半分に切るように州の法律で求められている。アイオワの田舎には数え切れない交差点があり、信号がほとんどない。トウモロコシが低いと助かる。少なくともやってくる車がみえるし、農夫にとっても損はない。トウモロコシの実はてっぺんではなく、茎の中央につくのだ。

　アイオワの夏に仕事をさぼるのは簡単だ。鮮やかな緑、暖かい太陽、どこまでも続く畑。窓を開けて、その香りを吸いこむ。昼休みには川縁《かわべり》までいき、週末はサンダー橋の近くで釣りをする。家にこもっていることがむずかしいことすらある。

「ここは天国じゃない？」毎年そういいたくなる。

「いいえ」想像の声が答える。「ここはアイオワよ」

一九八九年の八月には、改装の努力は終わった。利用者は増えた。スタッフは幸せだった。デューイは地域社会の人々に受け入れられただけではなく、みんなを招き寄せ、啓発した。年に一度の最大のイベント、クレイ郡フェアは九月にはいってすぐだった。わたしですら修士課程をひと月休んだ。すべてが順調に進んでいた——デューイ以外は。満足しきっていた小さな坊や、図書館のヒーローは、まったく変わってしまった。気もそぞろで、そわそわして、たいてい厄介《やっかい》ごとを引き起こした。

改装のあいだデューイがわたしの家で三週間、窓から外の世界をながめて過ごしたのが理由だった。わたしの家からはトウモロコシはみえなかったが、鳥の声をきくことができた。そよ風も感じられた。戸外に鼻を向ければ、猫が嗅ぎつけるような匂いも嗅ぎとれた。今、彼はそうした風景を恋しがっていた。図書館にも窓はあったが、開かなかった。新しい絨毯の匂いは嗅げたが、戸外の匂いは嗅げなかった。トラックの音はきこえたが、鳥の声はききわけられなかった。「どうしてあんなにすてきなものをみせておいて、とりあげたの？」と彼は泣き言をいっているようだった。

スペンサー公共図書館の入り口はドアが二重になっていて、ドアとドアのあいだには小さなガラス張りのロビーがあり、冬の寒さをさえぎるのに役立っていた。少なくともどちらかのドアが常に閉まっていたからだ。二年間、デューイはそのロビーを嫌がっていた。だがわたしの家で三週間過ごしたあとは、そこが大好きになった。ロビーからだと、鳥の声がきこえたのだ。外側のドアが開いていると、新鮮な空気の匂いも嗅げた。午後の数時間は、日だまりすらできた。それだけが望みだったという顔で、デューイは日だまりにすわり、鳥の声に耳を傾けていた。だが、わたしたちはだまされなかった。ロビーで長時間過ごすようになったら、デューイは二番目のドアから外の世界にでていきたくなるだろう。

「デューイ、こっちに戻っていらっしゃい!」彼が利用者を追って最初のドアからでてしまうと、いつも貸し出しカウンターのスタッフが声をかけた。哀れな猫にはチャンスがなかった。貸し出しカウンターはロビーに向いていたので、カウンターのスタッフはすぐに彼をみつけた。やがてデューイはいうことをきかなくなった。とりわけスタッフがジョイ・デウォールだと。ジョイはいちばん新しくて若いスタッフで、彼女だけは結婚していなかった。両親といっしょにメゾネットに住んでいたが、賃貸契約でペットを飼うことが許可されていなかったので、デューイには甘かったのだ。デューイはそのことを知っていて、彼女のいうことはまったくきこうとしなかった。するとジョイはわたしを呼びにくるようになった。わたしは母親がわりだった。デューイはいつもわたしのいうことをきいた。だが今回は頑《がん》として従おうとしなかったので、わたしは仕方なく脅《おど》しをかけた。

「デューイ、水スプレーをとってこなくちゃならないのかしら？」

彼はただじっとわたしをみつめた。

わたしは背中に隠していた水スプレーをとりだした。反対側の腕で図書館につうじるドアを開けて押さえた。デューイはこそこそと中にはいってきた。

十分後、わたしは呼ばれた。「ヴィッキー、デューイがまたロビーに入ってるの」

うんざりだった。そろそろきっぱりした態度をとるときだった。わたしはオフィスからでていくと、怖いお母さんの声を作り、ロビーのドアを開けて命令した。「すぐにここに入っていらっしゃい、お若い方」

ちょうどそこにいた二十代前半の青年が、飛びあがらんばかりになった。最後までいおえないうちに、彼は図書館に飛びこんできて、雑誌をつかみ、細かい活字にずっと顔を埋めていた。気まずいといったらなかった。わたしは茫然《ぼうぜん》として口がきけず、ドアを押さえていた。目の前の青年とは一度も会ったことがなかった。そのとき、デューイが何も起きなかったかのようにさっさととおりすぎていった。彼がにやにや笑っているのがはっきりわかった。

一週間後、デューイは朝食に現われず、どこにも姿をみつけられなかった。それは特に異常なことではなかった。デューイは隠れ場所をたくさん持っていたのだ。正面ドアのかたわらの飾り棚の裏には、ちょうどクレヨンの箱ぐらいの——ウィスキーのボトルを隠しておいた昔の箱ぐらいの——狭い場所があった。子ども図書室には茶色の安楽椅子があった。尻尾はいつもはみでてしまったが。ある午後、ジョイが西部劇小説のセクションに本を戻していると、驚いたことにデューイがぴょんと飛びだしてきた。図書館では、棚にぎっしり本が詰まっている。たまたま二冊のあいだに十センチほどの隙間があったのだ。本の隙間はデューイの究極の隠れ家だった。手軽で便利で安全だった。彼をみつけるには、適当に本をどかし、その後ろをのぞきこまなくてはならなかった。なにしろスペンサー公共図書館には書棚が四百以上あるので、探すのはけっこう大変だった。そうした本のあいだには、巨大な迷路があり、それはデューイだけの細長く狭い世界だった。

幸い、彼はいつも西部劇小説が並ぶいちばん下の列のお気に入りの場所にいた。今回はちがった。茶色の安楽椅子の下にもいなかったし、棚の裏にもいなかった。照明からみおろしている姿もみかけなかった。中に閉じこめられていないか、トイレのドアまで開けてみた。今朝はちがった。

「誰かデューイをみかけた？」

いいえ、いいえ、いいえ。

「最後に鍵をかけたのは誰？」

「わたしです」ジョイがいった。「そのときはまちがいなく、ここにいました」ジョイならデューイの所在を確認するのを忘れないとわかっていた。わたし以外に、遅くまで残って彼とかくれんぼをしているのは、ジョイだけだった。

「よかった。彼は建物の中にいるはずよ。新しい隠れ場所をみつけたみたいね」

だが昼食から戻ってきても、デューイは行方不明だった。それに食べ物にも口をつけていなかった。それでわたしは心配になってきた。

「デューイはどこですか？」来館者はたずねた。

すでにその質問は二十回ぐらいきいていたが、まだお昼を過ぎたばかりだった。スタッフにいった。「デューイは具合がよくないといってちょうだい。心配させる必要はないわ」彼はいずれ現われるだろう。わたしにはわかっていた。

その夜まっすぐ家に帰らずに、あたりを三十分ほど走ってみた。近所をふわふわした赤茶色の猫が歩いているのを期待していたわけではなかったが、万一ということもあった。「もし怪我をしていたら？」「わたしを必要としているのに、みつけてあげられなかったら？　彼を失望させてしまう」そうした思いが頭をかけめぐっていた。デューイが死んでいないことはわかっていた。彼はとても健康だった。それに、逃げたのではないはずだ。でも、不安がじわじわとわきあがってきた……。

翌日、デューイは正面入り口でわたしを待っていなかった。図書館に入ると、そこは死んだように感じられた。外は三十二度以上あるのに、恐怖で背筋が冷たくなった。何かがおかしい気がした。

スタッフにいった。「くまなく探してちょうだい」

ありとあらゆる隅をのぞきこんだ。あらゆるキャビネットや引き出しを開けた。彼が狭い場所に隠れているのではないかと、棚から本をとりだした。壁の棚の裏側を懐中電灯で照らした。いくつかの書棚は壁とのあいだに数センチの隙間があったのだ。デューイはいつものようにうろついていて、中に落ち、はさまっているのかもしれなかった。不器用なふるまいは彼らしくなかったが、緊急事態を想定してあらゆる可能性を調べた。

夜間警備員！　そのことをはっと思いつき、わたしは電話をかけた。「ハイ。ヴァージル、図書館のヴィッキーよ。ゆうべデューイをみかけなかった？」

「誰ですか？」

「デューイ。猫よ」

「いや。みなかった」

「デューイの具合が悪くなるようなものが置いてあるかしら？　掃除用の薬剤とか？」

彼はためらった。「いや、ないと思いますね」

たずねたくなかったが、たずねるしかなかった。「どこかのドアを開けっぱなしにしたことはない？」

今度こそ、はっきりためらった。「ゴミをだしにいくときは、裏口を開けたままにしますよ」

「どのぐらい？」

「たぶん五分ぐらい」

「二日前の夜も開けたままにした？」

「毎晩、開けっぱなしにしてます」

わたしの心は沈んだ。それだ。デューイはこれまで開いたドアから飛びだしたことはなかったが、そのことをこの何週間か考えていて、ドアから外をのぞき、空気の匂いを嗅いだら……。

「逃げたんだと思いますか？」ヴァージルがたずねた。

「ええ、ヴァージル、そうだと思うわ」

スタッフにその知らせを告げた。どんな情報でもほしい気分だった。二人の人間が図書館の仕事をしているあいだに、残りがデューイを探せるようにシフトを組んだ。常連の利用者は何かがおかしいことに勘づいた。「デューイはどこですか？」は無邪気な質問から不安を表わすものになっていた。ほとんどの利用者には別に問題ないと答えていたが、常連の利用者はわきに連れていって、デューイが行方不明になっていることを告げた。まもなく一ダースもの人間がデューイの姿を探して歩道を歩いていた。「この人たちをみて。この愛をみて。きっとすぐにデューイをみつけるわ」わたしは心のなかで繰り返した。

わたしはまちがっていた。

わたしは昼休みに通りを歩き、わたしの小さな坊やを探して過ごした。デューイは図書館でずっと暮らしてきた。けんかをしたこともない。食べ物に気むずかしかった。どうやって生き延びるつもりだろう？

もちろん、見知らぬ人の善意だ。デューイは人間を信用していた。助けを求めることを躊躇しないだろう。

わたしは図書館の裏手の路地に裏口がある〈フォンリー花店〉のミスター・フォンリーを訪ねた。彼もデューイをみかけていなかった。写真スタジオのリック・クレプスバックも同様だった。町じゅうの獣医に電話をかけた。動物収容所はなかったので、誰かが彼を連れていくとしたら獣医のところだった。デューイだとわからなければ、という意味だ。わたしは獣医にいった。「デューイに似た猫を誰かが連れてきたら、たぶんデューイです。逃げだしたみたいなんです」

自分にはこういいきかせた。「みんなデューイを知っている。みんなデューイを愛している。誰かがみつけたら、きっと図書館に連れ戻してくれるわ」

行方不明だというニュースは広めたくなかった。デューイのことを愛している子どもたちはたくさんいた。特別なケアを必要としている生徒たちはいうまでもない。ああ、どうしよう？　クリスタルは？　彼らをおびえさせたくなかった。デューイはきっと帰ってくると信じていた。

三日目の朝もデューイは正面玄関でわたしを待っていなかった。心が重くなった。心のどこかで、待っていてくれると期待していたのだ。だがいなかったので、うちのめされた。そしてはっと気づいた。彼は去ったのだ。死んだのかもしれない。たぶんもう戻ってこないつもりなのだ。デューイが大切な存在だということはわかっていたが、そのとき初めて彼が残した穴がいかに大きいかということに気づいた。スペンサーの町にとって、デューイは図書館そのものだった。彼なしで、これからどうやって暮らしていけばいいのだろう？

ジョディが三つのとき、マンカト・モールで彼女を見失ったことがあった。ふと目を向けたら、彼女はいなくなっていた。心臓が喉にせりあがり、息がつまりそうだった。ジョディをみつけられなかったので、わたしはほとんど狂乱状態になった。わたしのベイビー、わたしのベイビー。まともに考えることもできなかった。わたしはただハンガーから服を次々にひきむしり、通路をさらに速く駆け回ることしかできなかった。とうとう、服の円形ラックの真ん中に隠れているジョディを発見した。笑っていた。彼女はずっとそこにいたのだ。ああ、彼女がいなくなったと思ったときは、自分が死んだような気持ちだった。

そして今、同じように感じていた。そのときデューイがたんに図書館の猫ではなかったことに気づいた。わたしの悲嘆はスペンサーの町に対してでも、図書館に対してでも、子どもたちに対してですらなかった。その悲嘆は自分自身に対してだった。デューイは図書館で暮らしていたかもしれないが、わたしの猫だったのだ。デューイを愛していた。言葉だけではない。彼の何かを愛していたのではない。デューイそのものを愛していた。だが、わたしの小さな坊や、デューイはいなくなってしまった。

図書館の雰囲気は沈鬱《ちんうつ》だった。きのうは希望を抱いていた。じきに現われると信じていた。いまやデューイがいなくなったことを確信した。捜索は続けていたが、すでにあらゆるところを調べていた。もはや選択肢がなかった。わたしはすわりこんで、地域社会にどう説明しようかと考えた。スペンサーの情報の中心であるラジオ局に電話しようか。すぐに放送をしてくれるだろう。赤茶色の猫について名前をいわずに放送することもできる。大人はわかるだろうが、子どもたちが知るのは先送りにできる。

「ヴィッキー！」

それから新聞社。明日、きっと記事を掲載するだろう。もしかしたら誰かがデューイを家に連れこんでいるかもしれない。

「ヴィッキー！」

ビラをまくべきだろうか？　謝礼は何にしよう？

「ヴィッキー！」

自分をごまかそうとしているのだろうか？　デューイはいなくなってしまったのだ。もしここにいるなら、とうに……。

「ヴィッキー！　誰が帰ってきたと思う?!」

わたしがオフィスから顔をだすと、彼はそこにいた。わたしの大切な赤茶色の友人は、ジーン・ホリス・クラークの腕に抱かれていた。駆け寄って、彼をきつく抱きしめた。デューイはわたしの胸に頭を押しつけた。服の円形ラックから、まさに目と鼻の先から、わたしの子どもが現われたのだ！

「ああ、坊や、坊や。二度とこんな真似をしないでちょうだい」

デューイはわたしに約束するまでもなかった。すぐに、これが冗談ではなかったと悟った。デューイは最初の朝に会ったときのように喉を鳴らしていた。わたしに会えて、わたしの腕に抱かれて心から喜んでいた。とても幸せそうにみえた。だがわたしはデューイをよく知っていた。外見とは裏腹に彼はまだ震えていた。

「〈グランド・アヴェニュー〉の車の下でみつけたのよ」ジーンはいった。「〈ホワイト・ドラッグ〉にいこうとしていて、たまたま目の隅に赤茶色のものがみえたの」

わたしはきいていなかった。その話はこれから数日間繰り返しきくことになるだろう。だが今はきいていなかった。ただデューイの目をのぞきこんでいた。

「車の車道寄りのタイヤにもたれていたの。呼びかけたけど、こなかった。逃げたそうにしていたけど、おびえて動けなかったの。きっとずっとあそこにいたにちがいないわ。そんなこと、信じられる？　あれだけの人間がデューイを探していたのに、ずっとあそこにいたなんて」

他のスタッフたちがわたしたちのところに押し寄せてきた。みんなデューイを抱き、あやしたがっているのはわかったが、わたしは彼を放したくなかった。

「食べ物をあげなくちゃ」わたしはみんなにいった。誰かが開けたての缶詰を持ってきたので、デューイがそれをむさぼるように食べているのをみんなでながめた。何日も何も食べていなかったのではないかと想像した。

デューイが用――食べ物、水、トイレ――をすませてしまうと、わたしはスタッフに抱かせてあげた。彼は優勝パレードのヒーローのように手から手へ渡された。全員が歓迎してしまうと、来館者にみせに連れていった。大半は何が起きたのか知らなかったが、涙ぐんでいる人もいた。放蕩《ほうとう》息子のデューイはいなくなったが、またわたしたちのところに帰ってきたのだ。人は何かが失われたときに、いっそう愛を感じるものだ。

その午後、わたしはデューイをお風呂に入れた。あの寒い一月の朝以来、初めてデューイはおとなしくお風呂に入れられた。全身自動車のオイルだらけで、それが長い毛からすっかりとれるには何カ月もかかった。片耳にかぎ裂《ざ》きができていて、鼻にひっかき傷があった。わたしはそれを愛情こめてやさしく消毒した。別の猫のせい？　針金が落ちていたの？　車の下部にひっかかった？　切れた耳を指でなでたが、デューイは顔もしかめなかった。「あそこで何があったの？」たずねたかったが、わたしとデューイは合意に達していた。二度とこのできごとについては話題にしない。

何年もたって、図書館理事会の会議のあいだ、横のドアを開けておく習慣になった。

理事の一人、キャシー・グレイナーがそのたびにたずねた。「デューイが逃げだすかもしれないって心配じゃないの？」

わたしはデューイをみおろす。彼はいつものように会議に参加していて、わたしをみあげる。その表情は、金輪際《こんりんざい》、逃げだすつもりはないとはっきりと伝えていた。どうして他の人には、それがわからないのだろう？

「デューイはどこにもいかないわ」わたしはキャシーにいった。「図書館とそういう約束をしているの」

たしかにそうだった。十六年間、デューイは二度とロビーにはでていかなかった。朝には正面ドアのかたわらに寝そべっていたが、決して利用者のあとについていかなかった。ドアが開いていてトラックの音がきこえると、大急ぎでスタッフエリアに走ってきた。とおりすぎるトラックのそばには近寄りたがらなかった。デューイは外の世界にすっかり懲《こ》りてしまったのだ。

スペンサーでいちばん人気の猫

デューイの脱走からひと月ほどして、ジョディがスペンサーを離れた。わたしは彼女を大学にいかせる余裕があるかどうかわからなかった。かたや彼女はそのまま家にいたくなかった。ジョディは旅をしたかったので、カリフォルニアでベビーシッターとして働き、大学の学費を貯めることにした。カリフォルニアに住みたいということが、母親から遠く離れたいということでもかまわないと、わたしは思った。

最後の週末にデューイを家に連れ帰った。いつものように、彼はおろしたての磁石のようにジョディにべったりだった。とりわけ、夜に彼女と過ごすのが大好きだったようだ。ジョディが上掛けにもぐりこむやいなや、デューイは彼女のベッドに入っていった。実際、彼女よりも早くベッドにもぐりこんだ。ジョディが歯を磨き終わったときには、彼は枕にすわって、彼女の横で丸くなる準備ができていた。ジョディが横になるやいなや、デューイは彼女の顔に貼りついた。彼女に息すらさせまいとしたのだ。ジョディは猫を上掛けの下に押しこんだが、彼はまた戻ってきた。押しこむ。彼女の顔の上。首の上。

「もっと下にいってよ、デューイ」

デューイはとうとう抵抗をやめて、彼女のヒップにへばりついてかたわらで眠った。ジョディは息はできたが、寝返りを打てなかった。彼はジョディが去ることを、もしかしたら永遠に去ることを知っていたのだろうか？　デューイはわたしと寝るときは、ひと晩じゅうベッドからでたり入ったりして、家を探検しては、またベッドにもぐりこんできた。ジョディといっしょだと、一度もベッドをでなかった。一度、上掛けの下にあった彼女の足にじゃれついたことがあったが、そこまでしか移動しなかった。ジョディはその夜、まったく眠れなかった。

次にデューイがわが家にきたとき、ジョディはいなくなっていた。だが、デューイは彼女に近づく方法を編みだした。夜はジョディの部屋で過ごし、ヒーターの横の床に丸くなっていた。きっとジョディのかたわらにくっついて眠った、あの暖かい夏の夜のことを夢みていたにちがいない。

「わかってるわ、デューイ」わたしはいった。「わかってる」

一カ月後、わたしはデューイを初めて正式な写真撮影に連れていった。それは感傷的な理由からだったといってもいいかもしれない。わたしの世界は変化しつつあり、その瞬間を永遠に残しておきたかったのだ。あるいは、わたしたちのどちらも想像していなかったほど、デューイの体が大きくなりかけていたせいもあった。だが本当の理由はクーポンだった。リック・クレプスバックは町の写真屋で、クーポンがあれば十ドルでペットの写真を撮ってくれたのだ。

デューイは人なつっこい猫だったので、プロの撮影スタジオで、肖像写真を撮ってもらうのは簡単だろうと思っていた。だがデューイはスタジオを嫌った。スタジオに入るなり、彼はあちこち見回し、あらゆるものを観察し、椅子にすわらせると、すぐに飛びおりた。抱きあげて、また椅子にすわらせた。わたしが一歩さがったとたん、デューイはまた飛びおりた。

「神経質になっているんだわ。めったに図書館から外にでないから」わたしはデューイが写真の背景幕の匂いを嗅いでいるのをながめながらいった。

「大丈夫だよ」リックはいった。

「ペットは簡単じゃないの？」

「想像もつかないだろうね」デューイが枕の下に頭をもぐりこませようとしているのをながめながら、リックはいった。「ある犬はおれのカメラを食おうとした。別の犬は実際に造花を食っちまったよ。考えてみれば、その枕に吐いたんだった」

わたしはあわててデューイを抱きあげたが、それでも彼は落ち着かなかった。あちこち見回していたが、興味をそそられているというより不安なようだった。

「不運なおもらしはしょっちゅうだよ。シーツを捨てなくちゃならなかった。もちろんみんな消毒しているけど、デューイみたいな動物にとっては動物園みたいに、におうんだろうな」

「他の動物に慣れていないの」わたしはいったが、正確にいうとそうではないことを承知していた。デューイは他の動物に関心を示したことがなかったのだ。図書館にくる盲導犬をいつも無視していた。ダルメシアンですら無視した。恐怖のせいではない。混乱したからだ。「図書館だとどういう相手がいるのかわかっているけど、この場所は理解できないのよ」

「のんびりやってくれていいよ」

はっと思いついた。「デューイにカメラをみせてもいいかしら?」

「それが役立ちそうなら」

デューイはしじゅう図書館で写真のためにポーズをとっていた。だが、それは個人のカメラだった。リックのカメラは大きくて四角いプロ仕様だった。デューイはこれまでそういうカメラをみたことがなかったが、彼は理解が早い猫だった。

「これはカメラよ、デューイ。カメラ。あなたの写真を撮ってもらいにきたの」

デューイはレンズの匂いを嗅いだ。頭をそらしてカメラをながめ、また匂いを嗅いだ。緊張が少しほどけるのがわかった。彼は理解したようだった。

わたしは指さした。「椅子。椅子にすわって」

わたしは彼をおろした。デューイは椅子のすべての脚を上から下まで匂いを嗅ぎ、座席は二度嗅いだ。それから椅子にすわり、カメラをまっすぐみつめた。リックは急いでカメラのところにいき、六枚の写真を撮った。

「信じられない」彼はデューイが椅子からおりるといった。

リックにはいいたくなかったが、こういうことはしょっちゅうあった。デューイとわたしには、たとえわたしが理解していなくても、コミュニケーションの手段があるのだ。彼はわたしが望んでいることを常にわかっているようだったが、残念ながらいつもそれに従うとは限らなかった。わたしはブラッシングとかお風呂とか、言葉にだす必要すらなかった。それを考えるだけでよかった。すると、デューイは姿を消した。ある午後、彼と図書館ですれちがった。いつものように、のんびりした屈託《くったく》のない目でわたしをみあげた。「やあ、どうしてる？」

わたしは思った。「あらまあ、首にふたつも毛のもつれができてるわ。ハサミをとってきて切らなくちゃ」その考えが頭に浮かんだとたん、デューイはいなくなった。

だが脱走して以来、デューイはいたずらのためではなく、いいことのためにその能力を使うようになった。わたしが望んでいることを予想するばかりか、それを実行するようになったのだ。もちろん、ブラッシングとお風呂とは無縁で、図書館のためになることだけだ。だからこそ、彼は喜んで写真を撮られたのだ。彼は図書館にとっていちばんいいと思われることを、喜んでやりたがった。

「デューイには、図書館のためになるとわかっているのよ」わたしはリックにいったが、彼は信用していないようだった。どうして猫が図書館のことを気にかける？　それに、図書館と一ブロック離れた写真スタジオをどう結びつけられるんだ？　だが、それは真実なのだ。わたしにはわかっていた。

デューイを抱きあげ、お気に入りの場所、耳の間の頭のてっぺんをなでてやった。

「彼はカメラがどういうものか知っているの。だからカメラを怖がらないのよ」

「以前にもポーズをとったことがあるのかい？」

「少なくとも週に二、三度は。利用者のためにね。彼はそれが気に入ってるわ」

「猫らしくないな」

デューイはただの猫ではないといいたかった。しかしリックはこれまでペットの写真を撮ってきたのだ。そういう言葉は数え切れないほどきかされているだろう。それに今日リックが撮ったデューイの正式な写真をみれば、すぐに彼がただの猫ではないとわかるだろう。たしかに美しいが、それ以上に、デューイはリラックスしていた。カメラを恐れていないし、撮影にとまどってもいなかった。目は大きく澄んでいた。毛並みは完璧に整っていた。子猫にはみえなかったが、大人の猫にもみえなかった。大学の卒業写真を撮られる青年か、最初の船出の前に、故郷で待つ恋人のために記念写真を撮る船員のようだった。驚くほど姿勢がまっすぐで、首を傾《かし》げ、目はカメラを落ち着いてみつめていた。彼がとても真面目そうにみえるので、その写真をみるたびに口元がゆるむ。強くてハンサムにみえるようにがんばっているけれど、あまりかわいらしいので、うまくいかなかったのだ。

完成した写真を受けとって数日後、地元の〈ショプコ〉というウォルマートやKマートのような大きな総合店で、慈善のための寄付金集めにペットの写真コンテストをやっていることを知った。一ドル払って投票し、そのお金は筋ジストロフィーと闘うために使われる。これはスペンサーではよくあることだった。しょっちゅう寄付金集めがおこなわれ、それはいつも地元の市民に支えられていた。ラジオ局のＫＣＩＤはこうした努力を後援していた。新聞もしじゅう記事を載せた。結果にはいつも圧倒された。スペンサーにはさほど富がないが、誰かが援助を必要とすると、喜んでそれを提供した。それが市民の誇りだった。

思いついて、わたしはデューイをコンテストに参加させた。結局、その写真は図書館の宣伝目的のためだったし、図書館の特別な側面を宣伝する機会をのがす手はない。数週間後、〈ショプコ〉は店の正面のワイアーに一ダースの写真を貼りだした。どれも猫か犬だった。町の人間が投票して、デューイは圧倒的勝利をおさめた。投票数の八十パーセント以上を獲得し、それは次点の七倍の票数だった。滑稽なほどだった。店から結果を伝えられたとき、わたしはきまり悪くなった。

デューイがそれほど圧倒的勝利をおさめた理由は、ひとつには写真のせいだった。デューイはじっとあなたをみつめ、みつめかえしてほしいと訴えていた。ポーズはかなり堂々としていたが、デューイは一人一人に訴えかけたのだ。

もうひとつの理由はデューイの外見だった。一九五〇年代の二枚目俳優のように、人当たりがよくてかっこよかった。とてもハンサムだったので、愛さずにはいられなかった。

デューイの性格も理由のひとつだった。写真の猫のほとんどがおびえているか、必死になってカメラの匂いを嗅ぎたがっているか、すべてにうんざりしているかのようにみえた——あるいは、そのすべてに。犬の大半はいまにも頭がおかしくなって、部屋のあらゆるものをなぎ倒し、電気コードに体を巻きつけ、カメラを食べてしまいそうにみえた。デューイは冷静そのものだった。

だがコンテストに勝ったいちばん大きな理由は、町じゅうの人間が彼を愛していたからだ。初めて気づいたのだが、図書館の定期的な利用者だけではなく、町じゅうの人間がだ。わたしが学校や改装やジョディのことで頭がいっぱいで、ちゃんとみていないときに、デューイは彼の魔法をふるっていたのだ。返却ボックスからの救出だけではなく、彼の人生や交友関係についての話は、地面のひび割れに染みこみ、新しい芽をだしはじめていた。もはやデューイはただの図書館の猫ではなかった。彼はスペンサーの猫だった。刺激を与えてくれる友人であり、苦境を生き抜いた存在だった。わたしたちの一人だった。そして同時に、わたしたちのものでもあった。

彼はマスコットだったのか？　いいえ。町の考え方を変えたのか？　当然。もちろん全員ではないが、かなりの人々を。デューイは改めて、スペンサーが他とちがう町だと思い出させてくれた。わたしたちはお互いに気づかいをした。ささいなことを大切にした。人生は量ではなく質だということを理解していた。アイオワの平原にある極寒の小さな町を愛するもうひとつの理由が、デューイだった。スペンサーへの愛、デューイへの愛、すべてが人々の心のなかで渾然《こんぜん》一体となっていた。

アイオワの有名な図書館猫

あとから考えてみると、デューイの脱走はターニングポイントだったのだと思う。青年時代の最後のわがままだったのだ。その後、彼は自分の人生の巡り合わせに満足して過ごした。スペンサー公共図書館に住む猫であり、すべての人の友人であり、秘密を打ち明けられる相手であり、親善大使であることを。デューイは大人向けノンフィクションの真ん中に寝そべる技を身につけた。そこからだと図書館全体を見渡せたが、人々がデューイを踏まずに歩けるスペースは十分にあった。考えごとにふけりたいときは、腹這いになって頭をもたげ、前足を軽く交差した。わたしたちはそれをお釈迦《しゃか》さまのポーズと呼んだ。デューイはその姿勢で、一時間でもぼうっとしていられた。安心しきっている太った小柄な男のように。もうひとつのお気に入りの姿勢はあおむけにひっくりかえり、両手両脚を広げ、四方向に突きだすことだった。おなかをすっかりさらし、完全にリラックスしていた。

走り回るのをやめて、あおむけに体を伸ばすと、世界がどんなに近くなるか驚くほどだ。世界とはいわなくても、少なくともアイオワが。〈ショプコ〉コンテストのすぐあとで、デューイは《デモイン・レジスター》紙の「チャック・オッフェンバーガーのアイオワ・ボーイ」のコラムでとりあげられた。「アイオワ・ボーイ」はこんなことが書かれているコラムだ。「この数年で、もっとも驚いたニュースは、道のちょっと先にあるクレグホーン公共図書館では、利用者にケーキ用焼き皿を貸しだしていると知ったことである」実際、ちょっと先にあるクレグホーン公共図書館ではケーキ用焼き皿を貸しだしていた。わたしはケーキ用焼き皿をどっさり所有している図書館を、アイオワで少なくとも一ダースは知っている。司書たちはそれを壁につるしている。特別のケーキ、たとえば、子どもの誕生パーティーにクマのプーさんのケーキを焼きたければ、図書館にいく。いまや地域社会に奉仕するのが司書なのだ！

その記事を読んでわたしは思った。「わお、デューイはついにやったわ」町が猫を養子にするのはちょっとしたニュースだった。アイオワ北西部がデューイに対してしたように、地域がその猫を養子にすればもっといい。図書館には毎日、周囲の郡の小さな町や農場からの利用者がやってきた。アイオワ湖水地方の夏の住人たちは、車を走らせて彼に会いにやってきた。そして隣人や招待客たちに話を広めると、その人たちも翌週には車を飛ばしてきた。近くの町の新聞にデューイは頻繁にとりあげられた。でも《デモイン・レジスター》とは！　それは州都の日刊新聞だった。デモインは人口およそ五十万人で、《デモイン・レジスター》は州じゅうで読まれていた。おそらくたった今、五十万人以上の人間がデューイについて読んでいるのだろう。それはクレイ郡のフェアにやってくる人数よりも多かった！

「アイオワ・ボーイ」のあと、デューイは定期的に地元のテレビニュースに登場するようになった。それはアイオワ州のスーシティとサウスダコタ州のスーフォールズを本拠地とするテレビ局だった。まもなくデューイは、近隣の都市や州のテレビ局にもでるようになった。どのニュースも同じように始まった。「凍えるような一月の朝、スペンサー図書館は返却ボックスに本以外のものを発見するとは予想もしていませんでした……」どんなふうに構成しても、イメージは同じだった。凍え死にしかけていた、助けを求める哀れなよるべない子猫。デューイが図書館にやってきた話はとても魅力的だったのだ。

だが彼の個性もそうだった。ほとんどのニュース取材班は猫を撮影することに慣れていなかった――アイオワの北西部には何千匹という猫がいたが、どれもカメラに撮られたことがなかった――そこで、まず彼らはとてもいいアイディアと思えることを提案した。「デューイに自然にふるまわせてください」

「ええ、そこにいます、尻尾をたらし、おなかをはみださせて箱で寝ています。とても自然ですよ」

五秒後。「ジャンプするとかしませんか？」

デューイはいつも彼らが望むことをしてあげた。飛び跳ねているショットのために、カメラにジャンプした。器用さを示すために、ふたつの飾りのあいだを歩いた。走っていって、書棚の端から飛びおりた。子どもと遊んだ。赤い毛糸にじゃれついた。パソコンの上にじっとすわり、カメラをみつめ、行儀のよさをみせた。彼はこれみよがしにふるまうことはなかった。カメラの前でポーズをとるのは、図書館の宣伝担当としての仕事の一部だったので、やったまでだ。嬉々として。

アイオワ州の発行物、イベント、人々に焦点をあてたアイオワの公共テレビ・シリーズ「アイオワに暮らして」に登場したデューイは、典型的な例だった。「アイオワに暮らして」のスタッフは、図書館で朝の七時半にわたしと待ち合わせていた。デューイは準備ができていた。彼はおいでおいでをするように前足を振った。ころがった。棚のあいだをジャンプした。歩いていき、鼻をカメラにくっつけた。レポーター役の美しい若い女性を味方につけ、まとわりついた。

「抱いてもいいですか？」彼女はたずねた。

わたしはデューイ・キャリーを教えた——デューイの体を彼女の左肩に寄りかからせ、後ろ足は曲げた腕で支え、デューイの頭を背中にたらす。ある程度長く抱いていたければ、デューイ・キャリーをしなくてはならなかった。

「みてください！」デューイが肩にだらんと寝そべると、彼女は興奮してささやいた。

デューイがぱっと頭を起こした。「この人、何ていったの？」

「どうやったらデューイを落ち着かせられますか？」

「ただ、なでてあげて」

レポーターは彼の背中をなでた。デューイは頭を彼女の肩にのせ、首に寄りかかった。

「みてください！　これをみてください！　ゴロゴロいっているのがきこえます」彼女はカメラマンに向かってにっこりして、ささやいた。「きこえますか？」

わたしはレポーターにいってやりたくてうずうずした。「そりゃあそうよ。誰の肩でもするんですから」だが、彼女の興奮をだいなしにする必要はなかった。

デューイのエピソードは数カ月後に放送された。それは「二猫物語」というタイトルをつけられた（そう、チャールズ・ディケンズの『二都物語』の語呂《ごろ》合わせだった）。

もう一匹の子猫はトムといって、アイオワ州の中央部にある小さな町コンラッドの〈キビー金物店〉に住んでいた。デューイと同じように、トムはその年でいちばん寒い日に発見されたのだ。店主のラルフ・キビーは凍えた野良猫を獣医に連れていった。「獣医さんはトムに六十ドル分の注射をしてくれました」キビーは番組で語った。「それから、朝まだ生きていたら、生き延びられるだろうといいました」そのショーをみていて、あの朝、レポーターがどうしてあんなにうれしそうだったのかわかった。彼女の肩に寝そべっているデューイの姿は、少なくとも三十秒は流れた。ところがトムは彼女の指の匂いを嗅いだだけだったのだ。

視野を広げたのはデューイだけではなかった。修士課程で勉強しているあいだに、わたしは州の図書館サークルでとても積極的に活動した。そして卒業後、アイオワ小規模図書館協会の会長に選ばれた。その協会は人口一万人以下の町にある図書館の支持グループだった。支持というのは、少なくともわたしが加わったときは拡大解釈だった。グループには深刻なコンプレックスがあった。「わたしたちは小さい」と彼らは考えていた。「どうせ誰にも注目されないわ。ミルクとクッキー、それからちょっとした噂話ですませておきましょうよ。わたしたちにはそれぐらいしかできないのよ」

だが、わたしは小さいというのが無意味ではないとすでに知っていた。そこで奮いたった。「小さな町には意味がないと思ってるの?」わたしは彼らにたずねた。「あなたたちの図書館には変化を起こせないと思っているんでしょ。デューイをみて。州内の司書は一人残らずデューイ・リードモア・ブックスを知ってるわ。アイオワ図書館報の表紙に二度載った。全国図書館猫協会報には二度登場したわ。そしてイギリスやベルギーからファンレターがきている。州の図書館報にも特集された……イリノイのね。理事会に猫を許可してもらうにはどうしたらいいか、毎週のように司書たちから電話をもらうわ」

「じゃあ、みんなが猫を飼うべきなの？」

「いいえ。自分自身を信じるべきよ」

そして彼らはそうした。二年後、アイオワ小規模図書館協会は、州内でもっとも積極的に活動し、尊敬される支持グループになった。

だがデューイの画期的成功はわたしの努力のせいではなく、投稿のおかげだった。ある午後、図書館に《カントリー》の一九九〇年の六・七月号が二十冊はいった箱が届いた。五百万部以上を誇る全国誌だ。定期購読をしてもらうために発行元から雑誌が送られてくるのは珍しいことではなかった。だが二十冊？　わたしは《カントリー》を読んだことがなかったし、《カントリー》関係の人間と話したこともなかったが、そのスローガンは気に入った。「田舎に住んでいる、あるいは住みたいと思っている人に」さっそくめくってみることにした。すると五十七ページに、スペンサー公共図書館のデューイ・リードモア・ブックスについて二ページにわたるカラー記事が掲載されていた。そこにつけられていた写真は、わたしの知らない地元の女性が送ったものだった。ただし彼女のお嬢さんはよく図書館にきていた。どうやらお嬢さんが家に帰って母親にデューイについて話したらしかった。

小さな記事でしかなかったが、その影響力は絶大だった。何年たっても、来館者はその記事がとても印象的だったといった。他の記事のためにデューイについて情報を求めるライターは、しばしばそれを引用した。十年以上たって、ある郵便を開けると、とじ目からきれいに切りとり、きちんと保管された記事が入っていた。その女性はデューイの記事が彼女にとってどんなに意味があるか、わたしに知ってほしかったのだ。

スペンサーでは、デューイのことを忘れていた人々や、彼にまったく興味を示さなかった人々も関心を向けはじめた。〈シスターズ・カフェ〉の常連ですら、注目するようになった。最悪の農業危機が一段落して、市の指導者たちは新しいビジネスを誘致する方法を探していた。デューイはうれしいことに全国的に名前がでるようになり、当然、そのエネルギーと興奮は町に影響を及ぼした。たしかに猫を理由に工場を建てる人間はいなかったが、きいたこともない町に工場を作ることもなかった。またもや、デューイはスペンサーだけではなく、もっと大きな世界で、アイオワのトウモロコシ畑の向こうで、その役割を果たしていたのだ。

だが最大の変化は誇りだった。デューイの友人たちは彼を誇りに感じ、誰もが彼が町にいることを誇りに思っていた。ハイスクールの十二年目の同窓会に戻ってきたある男性は、その年の新聞をめくるために図書館にたちよった。もちろん、デューイはたちまち彼の心をとらえた。さらに彼はデューイの友人たちについて知り、デューイについての記事を読むと、心から感心した。のちにわたしたちに送られてきた礼状には、すばらしい故郷の町と愛されている図書館猫について、ニューヨークのみんなに話していると書かれていた。

彼だけではなかった。週に三、四人はデューイを自慢するためにやってくる人がいた。「有名な猫をみにここにきたんだが」年配の男性がカウンターに近づいてきていった。

「裏で寝ています。連れてきましょう」

「ありがとう」彼は年下の女性と、その女性の脚にしがみついている小さなブロンドの女の子を手振りで示した。「孫のリディアを彼に会わせたくてね。ケンタッキーからこっちに訪ねてきているんだよ」

リディアはデューイをみると、満面に笑みを浮かべ、許しを得るように祖父をみあげた。「大丈夫だよ、デューイは噛まないから」女の子はおそるおそるデューイに手を伸ばした。二分後、女の子は彼をなでながら床に寝そべっていた。

「ほらね？」祖父は女の子の母親にいった。「この町に足を運ぶ価値があるといっただろ」おそらくデューイか図書館についていったのだろうが、もっと別のことも示唆していたのではないかと思う。

しばらくして、母親が娘といっしょにデューイをなでているあいだに、祖父はわたしに近づいてきていった。「デューイを育ててくれてありがとう」もっと話したげだったが、お互いにもう十分つうじあえたとわかっていた。三十分ほどして、彼らが帰るときに、若い女性が年配の男性にいっているのがきこえた。「本当ね、お父さん。すばらしかったわ。もっと早くくればよかった」

「大丈夫よ、ママ」女の子がいった。「来年もデューイに会えるよ」

誇り。自信。この猫、この図書館、この経験、おそらくこの町が特別だという確信。デューイは《カントリー》の記事がでたあとも、ことさら美しくなったり愛想よくなったりはしなかった。名声は彼をまったく変えなかった。デューイが望んだのは、昼寝のできる暖かい場所、開けたばかりの缶詰、スペンサー公共図書館に足を踏みいれるすべての人々からの愛情と関心だけだった。だが同時に、デューイは変わった。なぜならいまや人々は前とはちがう目で彼をみたからだ。

その証拠？　《カントリー》の記事の前は、気の毒なデューイを本の返却ボックスに入れた責任を誰も問われなかった。誰もがその話を知っていたが、誰も白状しなかった。デューイがマスコミにでると、十一人の人間がわたしのところにやってきて、母親の墓（あるいはお母さんが生きている場合は母親の目）に誓って、自分がデューイを返却ボックスに投げこんだと白状した。彼らは責任を問われたいのではなかった。必ずそれを自分の手柄にした。「すべてうまくいくとわかってたんです」

十一人！　信じられるだろうか？　きっと猫を救おうとする路地裏のいかれたパーティーがあったにちがいない。

毎日の日課

スペンサー公共図書館の外に不運な逃走をしたあと、デューイ・リードモア・ブックスは以下のような日課を決め、生涯、守り続けた。

7:30　ママ到着
食べ物を要求、ただしあまりせかさない。ママがしていることをすべて観察。あとにぴったりくっついて歩いて、ママはぼくにとって特別な人だと知らせる。

8:00　スタッフが到着
全員を調べるのに一時間かける。誰がつらい朝を過ごしたのかみつけて、相手が望むだけ、ぼくをなでる権利を与える。相手がなでたくなったらなでさせてあげる。

8:58　準備の時間
その日の最初の来館者を迎えるために、正面ドアの定位置につく。うっかり忘れているスタッフに時刻を知らせるというメリットもある。開館が遅れるのは嫌だ。

9:00～10:30　ドアが開く
来館者にあいさつ。いやな人は無視して、いい人にくっついていく。でも、ぼくに気づいて一日が明るくなるチャンスはみんなにあげる。ぼくをなでるのは、図書館を訪ねてきた人たちへの贈り物だ。

10:30　昼寝のひざをみつける
ひざは遊ぶ場所じゃなくて昼寝のためのものだ。ひざで遊ぶのは子猫だ。

11:30～11:45　ぶらぶら歩く
大人向けノンフィクションの真ん中で寝そべり、頭をもたげ、前足を組む。人間はそれをお釈迦さまのポーズと呼んでいる。ぼくはライオンで、〝ハクナ・マタタ〟だといっている。意味は知らないけれど、子どもたちがしょっちゅう口にしているんだ（スワヒリ語で問題ないの意味）。

11:45～12:15　ごろごろ
頭をもたげているのに疲れると、ごろんとあおむけになり、宙に四本の足を突きだす。なでてもらうのはかまわない。ただし、眠りこまないこと。眠ってしまうと、おなかを攻撃されかねない。おなかに飛びかかられるのは嫌いだ。

12:15～12:30　スタッフルームでランチ
誰かヨーグルト持ってる？　ない？　じゃ、いいよ。

12:30～13:00　カートに乗る！
午後の担当者が本を棚に戻すときに、カートに飛びのって、図書館じゅうを移動する。ああ、全身の力を抜いて、金属製ラックの隙間から脚をぶらさげていると、とてもリラックスできるよ。

13:00～15:55　午後の自由時間
図書館の様子を観察。照明までのぼっていく。それからひざにあがる。午後の来館者にあいさつして、ママと十分だけ過ごす。毛づくろいは強制じゃないけれど、勧められている。あとは忘れずに、昼寝にぴったりの箱をみつける。いや、忘れるわけがないんだけどね！

15:55　夕食
みんなは夕食は16時だと考えている。ぼくがずっとすわっていれば、いずれ気づくだろう。

16:55　ママ帰る
ぼくが遊びたがっていることを思い出してもらえるように、飛び跳ねる。棚から飛びおり、とんぼ返りをすると、いつもうまくいく。

17:30　遊び
ママは仏陀《ぶった》への道と呼んでいる。ぼくはボール遊びといっている。図書館じゅうにボールをころがすほど楽しいことはない。でも、赤い毛糸は格別だ。ぼくは赤い毛糸がとっても気に入っている。誰か毛糸をぶらぶら揺らしてくれないかな？

20:55　遅番の人たちが帰る
16:55の日課を繰り返すけど、ジョイが遅番じゃないと同じ効果は期待できない。ジョイはいつも紙を丸めて投げてくれる。できるだけ速く紙玉まで駆けていくけど、たどりつくと、あとは無視してしまう。

21:00～7:30　ぼくの時間！
きみたちには関係ないよ、ないしょ。

現代社会におけるデューイ

わたしは愚かではない。スペンサーの誰もがデューイのことを大切に思っているわけではないことは承知していた。たとえば、市が不当なこと、すなわち猫を公共の建物に住まわせるというおぞましいことをやめないと、雌牛をダウンタウンに連れてくると脅した例の女性は、相変わらず定期的に手紙を書いてきた。彼女はいちばん強硬に反対しているが、もちろんデューイ現象を理解していないのは彼女だけではないだろう。「あの猫のどこがそんなに特別なの？」〈シスターズ・カフェ〉でコーヒーを飲みながら話している人たちがいるはずだ。「あの猫は図書館をでたことがないのよ。しょっちゅう寝ている。何もしていないじゃない」

彼らはデューイが新しい仕事を作っていないといっているのだ。デューイは定期的に国内の雑誌、新聞、ラジオに登場している。だが彼は市立公園を改善しているわけではない。道を舗装するわけでもない。新しいビジネスを誘致しにでかけているわけでもない。最悪の農業危機は過ぎた。士気があがりつつあった。スペンサーにとって、大きく羽ばたき、轍《わだち》からかなりはずれた元気な中西部の町に、新しい雇用主を連れてくる頃合いだった。

スペンサー経済促進委員会は、一九九二年に大きな勝利をおさめた。コロラドにある大手の食肉包装会社モントフォートが、町の北はずれにある食肉処理場を借りることにしたのだ。一九五二年に地元のビジネスマンがその敷地を開発したとき、その工場はスペンサーの誇りだった。地元の所有で、地元で経営し、最高の賃金で地元の人間を雇っていた。一九七四年、賃金は時給十五ドルで、町でいちばん高給の仕事だった。荷降ろしのためにトラックが一・五キロも列を作って待っていた。会社はスペンサー・フーズのブランドでいくつかの商品をパックするようになった。そのブランドは住民の誇りをかきたてた。とりわけスーフォールズやデモインまで行ったときに、大きな新しい食料品店でスペンサーの名前を目にするときには。

一九六八年、売り上げが減りはじめた。食肉処理の巨大企業が近隣の町に移動してきて、もっと効率的な工場を建て、もっと安い労働力を雇ったのだ。経営者は製品のブランド名を変え、工場の機械設備を改善しようとしたが、うまくいかなかった。一九七〇年代前半に、スペンサー・フーズの工場は全国的な競争相手に売却された。労働者が時給五ドル五十セントの非組合の賃金を拒否すると、会社は工場を閉鎖して、ネブラスカ州のスカイラーに移転した。次に有名なバターとマーガリンのメーカー、ランドオレイクスがはいったが、一九八〇年代の景気後退のあおりで、やはり工場を閉めて撤退した。彼らは地域社会とつながりを持たなかったので、ここにとどまる経済的理由がなかったのだ。

十年ほどして、その工場は冷蔵倉庫施設に改造された。倉庫はさほど多くの仕事を提供しなかったが、賃金もそこそこで、汚染、騒音、交通量増加の心配はなかった。そこに施設があることにすら、ほとんど気づかなかっただろう。

二年後の一九九四年、スペンサーはそのブロック最大で最悪の巨大企業を両手を広げて迎えいれた。ウォルマートだ。ダウンタウンの商店はウォルマートに、とりわけウォルマートのスーパーマーケットに反対した。そこで商店主たちは助言をしてもらうためにコンサルタントを雇った。結局、地元のビジネスがこの町を支えてきたのだ。どうしてこれまで投資し、築いてきたものを、全国規模の競争相手のためにだいなしにしなくてはならないのか？

「ウォルマートはスペンサーのビジネス業界にとって、最高にすばらしいできごとになるでしょう」コンサルタントはいった。「彼らと競争しようとしたら、負けるでしょう。

しかし、彼らが提供できない市場の隙間を発見すれば、勝つことができる。たとえば、特別な商品や融通のきく親身なサービスを提供できればです。なぜか？　ウォルマートはよりたくさんのお客を町に連れてくるからです。実に単純なことです」

コンサルタントは正しかった。むろん敗者は存在した。いちばん目立ったのは〈ショプコ〉で、店をたたんで町を去った。しかしダウンタウンの商店のビジネスはあきらかに、ウォルマートがやってきてから上向きになった。ウォルマートは何十年も前の鉄道駅と同じような役割を果たしたのだ。おかげでスペンサーはこの地域における目的地になった。

同じ一九九四年、スペンサー公共図書館は新しい時代に突入した。カード、スタンプ、分類引き出し、貸し出しカード入れ、遅延伝票、複雑な分類システム、それに大量の箱といった、昔ながらの書籍管理システムから脱したのだ。そのあとに導入したのは八台のパソコンによって管理する完全自動化システムだった。デューイが午後に好んで寝ていたカード箱は、貸し出し用パソコンにとってかわられた。デューイが子猫のときに夢中になったキムのデイジーホイール・タイプライターは、沈黙して稼働しなくなった。わたしたちはパーティーをした。すべてのカード分類の引き出しを引き抜き、何千枚というカードを床に捨て、それらすべてにとってかわったパブリックアクセス・パソコンの電源をいれた。小さな引き出しが何百もついた分類カード用キャビネット三台は、オークションで売却した。わたしは一台を自宅用に買った。一九五〇年代の引き上げ蓋式の机といっしょに地下室に置いた。分類カード用キャビネットには手芸用品一式がしまってある。机には三十年間無《む》頓着《とんちゃく》にとっておいた、ジョディの小学校時代のテストや工作品が入っている。

一九九四年の技術革新ののち、図書館は別の使い方をされるようになった。パソコンが導入される前は、たとえば生徒が猿についてレポートを書くようにいわれると、猿にかんするあらゆる本を借りだした。現在はオンラインでリサーチして、一冊だけ借りる。スペンサー図書館への来館者は一九九四年から二〇〇六年までのあいだに増えているが、三分の一の冊数しか貸し出されていない。一九八八年にデューイがやってきたとき、返却ボックスが本であふれているのは当たり前だった。それから十年、返却ボックスが本でいっぱいになることはない。貸し出されるいちばん人気の品はDVDの名画——地元のビデオ店には置かれていない——それとテレビゲームだ。一般向けに十九台のパソコンを設置していて、そのうち十六台はインターネットにアクセスできる。小さい図書館とはいえ、アイオワ州の図書館全体で、来館者が利用できるパソコン数では十番目だ。

かつて司書の仕事は図書の整理と、参考図書についての質問に答えることが含まれていた。現在ではパソコンについて理解し、データを打ちこむことだ。慣例に従って、貸し出しカウンターで働く司書は、利用者が図書館に入ってくるたびに紙片に印をつけていた。それがどの程度正確かは想像がつくだろう。とりわけ図書館が混み合っていて、司書が問い合わせに答えているときは。現在では、ドアをとおりぬけるすべての人を記録する電子装置が備えられている。貸し出しシステムは、どれだけの本、ゲーム、映画が貸し出されて返却されたか正確に教えてくれ、どの品がいちばん人気があり、どれが何年も貸し出されていないかを突きとめる。

そうしたことにもかかわらず、スペンサー公共図書館は基本的には変わっていない。絨毯は変わった。路地がみえた奥の窓は漆喰を塗ってふさぎ、書棚が並べられた。木部は減り、引き出しも少なくなり、電子化が進んだ。しかし、いまだにお話に笑いながら耳を傾けている子どもたちのグループがいる。中学校の生徒たちが時間つぶしをしている。年配の人々は新聞をめくっている。ビジネスマンは雑誌を読んでいる。この図書館はとうとうカーネギーの静かな知識の殿堂にはならなかったが、それでもリラックスさせてくれる場所だ。

そして図書館に入っていくと、本に目がとまるだろう。たくさんの棚に並べられた本の列。表紙はもっとカラフルで、装丁はもっと個性的で、活字はもっと現代的になっているが、全体的に本は一九八二年、一九六二年、一九四二年と同じようにみえる。だから、それは変化しないのだろう。書物はテレビ、ラジオ、写真、回状（初期の雑誌）、日刊新聞（初期の新聞）、パンチとジュディのショー、シェイクスピアの舞台、それらが登場しても生き延びてきた。第二次世界大戦、百年戦争、黒死病、ローマ帝国の滅亡も生き延びてきた。ほとんど誰も文字を読めず、一冊一冊手書きで写されていた暗黒時代ですら生き延びてきた。インターネットによっても死滅することはないだろう。

そして、図書館も同じだ。かつてのようなおごそかな本の格納庫ではなくなったかもしれないが、前よりももっと地域の役にたっている。かつてないほど、広い世界とつながっているのだ。いつでもどんな本でも注文することができる。ボタンひとつでリサーチができる。他の司書たちと電子の掲示板でコミュニケーションをとって、図書館をよりよくし、もっと効率的にするために必要なちょっとした知恵や情報を交換できる。つい十年前に十紙を講読していた費用よりも安く、何百という新聞や雑誌にアクセスできる。スペンサー公共図書館にやってくる利用者数は増加している。彼らが本を借りるのか、映画を借りるのか、テレビゲームで遊ぶのか、猫を訪ねてくるのかは、どうでもいいことではないだろうか？

デューイはもちろんまったく気にしなかった。いつも、「今」と「ここ」に集中していたのだ。それに新しい図書館もとても気に入った。たしかに箱は前に比べて減ったが、毎日のように本を注文する図書館には、常にいくつかの箱があった。かつての木、紙、インクの手動のシステムに比べると、パソコンは冷たく感じられるかもしれないが、デューイにとっては暖かだった。文字どおり。彼はそこにすわり、機械が放出する熱を楽しんだ。わたしはすわっている彼の写真を撮り、それを新たにデジタル化された貸し出しカードに載せた。カードを作った会社はそれがおおいに気に入った。図書館大会にいくたびに、彼らのブースの巨大な横断幕にデューイが印刷されているのを目にした。

少なくともデューイの視点からよかったのは、図書館の品物を貸し出し手続きをせずに持ちだそうとすると、正面ドアわきの新しいセンサーがビーッと鳴ることだった。デューイの新しいお気に入りの場所は左側のセンサーの内側だった（デューイ・キャリーで左肩を好んだように、デューイは左ききだったのだろうか？）入り口にデューイがいてセンサーがあるので、来館者の歩くスペースはほとんどなくなった。以前はデューイが入り口で挨拶しているときに、彼を無視するのはむずかしかった。新しいセンサーがとりつけられると、無視することは不可能になった。

図書館を運営する猫の基本的ルール

デューイ・リードモア・ブックスによる。

最初に図書館猫協会の会報に載せられ、それ以来、世界じゅうで数え切れないほど何度も再版されている。

一、スタッフ

とても寂しくて、スタッフから格別な関心を注いでもらいたければ、そのとき彼らが仕事をしている書類、映写機、パソコンにすわりこもう——ただしあまりものほしそうにみえないよう、相手に背中を向けてすわり、毅然《きぜん》とした態度をとる。さらに、常にスタッフの脚に体をこすりつけるようにする。焦げ茶、ブルー、黒を着ている相手だと最大の効果が発揮される。

二、来館者

来館者がどれぐらい図書館にいるつもりでも、ブリーフケースか本用の袋にもぐりこんでぐっすりと眠る。その人が帰るときにテーブルに放りだされるまでは。

三、はしご

はしごを登る機会は決してのがさない。人間がはしごにいてもいなくても関係ない。大切なのはてっぺんまで登り、そこに居すわることだ。

四、閉館時間

閉館時間の十分前まで待ち、昼寝から起きる。スタッフが明かりを消し、ドアに鍵をかけようとしているときに、彼らを引きとめ、遊んでもらえるように最高に愛らしい技術を駆使すること（うまくいかないことが多いが、ときにはかくれんぼのような短いゲームにつきあってくれることもある)。

五、箱

図書館に持ちこまれるすべての箱は猫のものだと、人間は承知しているにちがいない。どんなに大きかろうと、あるいは小さかろうと、いっぱいになっていようと関係ない。それは猫のものだ！　箱の中に完全に入れなかったら、体のどこでもいいので入れて、昼寝の権利を主張しよう（ぼくは一本か二本の前足、頭、尻尾まで利用して、権利を勝ちとった。それにどの場合も、同じようにぐっすり眠ることができた)。

六、会議

グループ、タイミング、議題にかかわらず、会議室で会議が予定されていたら、参加する義務がある。もしもドアを閉められたら、中に入れてくれるか、誰かがトイレにたつか、水を飲みにいくかするまで哀れっぽく鳴こう。中にはいったら、必ず部屋を一周して、出席者全員に挨拶する。映画とかスライドが上映されていたら、スクリーンに近いテーブルに乗り、すわって最後まで映画をみよう。クレジットが流れはじめたら、とてつもなく退屈だったというふりをして、抜けだそう。

さらに図書館猫には永遠の黄金律がある……

決して忘れないこと、さらに人間にも忘れさせないこと、猫がこの施設を所有していることを！

デューイの生活では、パソコンが唯一の変化ではなかった。特別支援教育クラスのデューイの友人、クリスタルは卒業して、わたしには想像がつかない生活を始めた。それが幸せであってほしいと祈っている。デューイを怖がっていた小さな女の子は、猫に対する恐怖を克服した。それでも、ときどきデスクに近づいてきて、デューイを閉じこめてほしいといったが、今では笑顔で頼むようになった。すべての十歳の子どものように、彼女は大人に自分の頼んだことをさせるのが好きだった。彼女の年頃の他の子どもたち、デューイが最初の年にお話の時間をいっしょに過ごした子どもたちも、大きくなった。彼に鉛筆をころがしてくれた中学生は卒業していった。デューイはすでに図書館に六年いたので、知り合いの多くの子どもたちが去っていったり、大人になっていくのは避けがたいことだった。

副館長のジーン・ホリス・クラークは新しい仕事についた。その結果、わたしの長年の知り合いであるケイ・ラーソンがジーンの仕事を引き継いだ。ケイは落ち着いていて実際的で頑健なアイオワの農場の女性だった。化学技師で、ペルシア湾の油田で働いていたが、農場主と結婚してアイオワに戻ってきたのだった。この地域には化学技師の仕事はなかったので、しばらく食肉処理工場の仕事をしたのち、スペンサーから南へ五十キロほどのピーターソンの小さな図書館でのポジションを提供された。たったひとつのポジション、といったほうがいいかもしれない。というのはピーターソン図書館はケイが一人で運営していたからだ。

彼女はパソコンにくわしかった。新しい技術についていける人間が必要だったので、わたしはケイを雇った。それに彼女が猫好きだということもわかっていた。実際、ケイの納屋《なや》には二十匹の猫が暮らしていて、家の中でも二匹飼っていた。「典型的な雄猫ね」デューイがちょっと偉そうな態度をとったり、来館者に抱きしめられるのを拒絶したりするたびに、アイオワ人らしく実際的な口調でいった。彼女はデューイのことを頭がよくて美しいと考えていたが、特別な猫だとは思っていなかったのだ。

だがデューイは友人には困らなかった。ペンキ屋のトニーは、妻のシャロンが三番目の子どもを妊娠しているあいだ図書館に様子をみにくるたびに、デュークスターをなでた。それは思いがけない妊娠だったが、二人とも幸せそうだった。シャロンは出産日に病院から電話をかけてきた。「エミーはダウン症なの」彼女はいった。シャロンは問題があるとは予想もしていなかったので、その意外な事実に打ちのめされていた。シャロンは図書館を数カ月休職した。そして復帰したときには、エミーへの愛にどっぷり浸かっていた。

デューイの旧友ドリス・アームストロングは、なおも彼にちょっとしたおみやげや珍しいものを持ってきてくれた。ドリスはデューイのお気に入りの赤いクリスマスの毛糸をぶらぶらさせるのが好きで、デューイは大喜びでそれに飛びついた。彼女は相変わらず社交的で魅力的だったが、図書館が改装されてすぐ、激しいめまいに襲われるようになった。医者は原因を特定できなかったので、パニック発作だろうと推測した。やがて手が震えはじめ、本にカバーをつけることすらおぼつかなくなった。デューイをなでるのにも苦労したが、彼は気にしなかった。ドリスの震えが激しければ激しいほど、デューイは彼女の腕に背中をこすりつけ、机に寝そべって彼女のそばについていた。

ある朝、デューイは鳴きながらわたしのオフィスに駆けこんできた。彼についていくと、めったにないことだったが、食べ物のボウルのほうにいったので、おやつがほしいのだろうと思った。だが、スタッフルームの床にドリスが倒れているのに気がついた。あまりにも激しいめまいで、たっていられなかったのだ。何日も、めまいが激しくて、食事もほとんどとれなかったようだ。次に彼女が床に倒れているのを発見したときには、めまいだけではなく、心臓発作も起こしていた。数ヵ月後、ドリスは小さな黒猫をみつけた。彼女はその子猫を図書館に連れてきて、震える手でわたしのほうに差しだした。猫の心臓が早鐘《はやがね》のように打ち、肺がぜいぜいいっているのがわかった。子猫は弱り、おびえ、重い病気にかかっていた。

「どうしたらいいかしら?」ドリスはたずねた。わたしにはわからなかった。

翌日、ドリスは泣きながら図書館にやってきた。子猫を家に連れ帰ったら、夜のあいだに死んでしまったのだった。ときには猫はただの動物以上の存在になり、その死は、目の前のひとつの死を悼《いた》むこと以上の打撃を人に与えることがある。デューイは一日じゅうドリスのそばにすわっていた。彼女はデューイに手を伸ばしてなでたが、それでも心は慰められなかった。まもなくドリスは図書館をやめ、ミネソタの家族のそばに引っ越していった。

そうした変化にもかかわらず、デューイの生活は基本的に同じだった。子どもたちは成長したが、常に新しい子どもたちがやってきた。スタッフも異動したが、わずかな予算でも新しい人間を雇うことができた。デューイは二度とクリスタルのような友人を得られないかもしれないが、それでも毎週、特別支援教育クラスの生徒たちを入り口で出迎えた。角で電気店を経営しているマーク・ケアリーのような利用者とも仲良くなった。デューイはマークが猫好きではないことを知っていたので、いきなりテーブルに飛びのって、彼をぎくりとさせることにひねくれた喜びを感じていた。マークは図書館に誰もいないと、椅子に寝ているデューイを蹴って追いたてることに喜びを覚えていた。

ある朝、スーツ姿のビジネスマンがテーブルについて《ウォールストリート・ジャーナル》を読んでいた。会議の前の時間つぶしのために寄ったようにみえたので、かたわらからふわふわした赤茶色の尻尾がみえたのは意外だった。もっとよくみると、デューイは彼の新聞の一ページに寝そべっていた。会議に向かう途中の忙しいビジネスマンの新聞に。「あらまあ、デューイ」わたしは思った。「やりすぎよ」そのときその男性が新聞を右手で支え、左手でデューイをなでていることに気づいた。猫は喉をゴロゴロ鳴らしていた。男性はにこにこしていた。そのときデューイと町は心地よい関係になり、少なくとも今後数年は、わたしたちの生活の全体像が決定されたことを悟った。

そのせいで、ある朝図書館にやってくると、デューイがそわそわ歩き回っているのをみて、とても驚いた。彼はこんなふうに動揺したことがなかった。わたしが到着しても落ち着かないようだった。ドアを開けると、彼は数歩走ってたちどまり、わたしがついてくるのを待った。

「トイレにいきたいの、デューイ？　わたしを待っていなくてもいいのよ」

トイレではなかったし、デューイは朝食にも興味を示さなかった。ただいったりきたりして、わたしに向かって鳴いた。デューイは痛くないときは決して鳴いたことがなかった。だが、わたしはデューイを知っていた。彼は痛がっているのではなかった。

彼の食べ物に手を加えてみた。効果なし。毛にうんちがついていないか調べてみた。毛にうんちがつくと、ひどく騒ぎたてるのだ。熱がないか鼻を調べた。感染症にかかっていないか、耳ものぞく。何も異常はなかった。

「見回りをしましょう、デューイ」

すべての猫と同じく、デューイも毛玉を吐いた。そういうとき、このひどく几帳面な猫は屈辱を感じるようだった。しかし、こんなに妙な態度をとったことはなかったので、すごい大きさの毛玉がみつかるかもしれないと、心の準備をした。わたしはフィクションとノンフィクションの書棚のあいだを抜け、ありとあらゆる隅をのぞきこんだ。しかし何もみつけられなかった。

デューイは子ども図書室で待っていた。気の毒な猫はひどく興奮している。しかしそこにも何もみつけられなかった。

「ごめんね、デューイ。何をいおうとしているのかわからないわ」

スタッフが出勤してくると、わたしはデューイの様子に気をつけているように頼んだ。わたしはとても忙しかったので、午前中ずっと、猫とジェスチャーゲームに興じているわけにはいかなかった。デューイが数時間後にもおかしなふるまいをしていたら、ドクター・エスタリーのところに連れていこうと決めた。

図書館が開館して二分後、ジャッキー・シャガーズがわたしのオフィスにやってきた。

「信じられないかもしれないけど、ヴィッキー、デューイがカードの上におしっこをしたの」

わたしは飛びあがった。「まさか！」

図書館の自動化はまだ完成していなかった。本を貸し出すためには、まだ二枚のカードにスタンプを押した。一枚は本にはさんで家にいき、もう一枚は何百というカードといっしょに大きな箱に入れられる。本が返ってくると、そのカードを箱からとりだして本にはさみ、棚に戻すのだ。実際にはふたつの箱が、正面カウンターの両側にひとつずつ置いてあった。たしかに、デューイは片方の箱の前の右隅におしっこをしていた。

わたしはデューイを叱《しか》らなかった。彼のことが心配だった。デューイは何年も図書館で暮らしていたが、こんな真似をしたことは一度もなかった。まったくデューイらしくなかった。しかしその状況について長く悩む必要はなかった。常連の利用者がやってきて、耳元でささやいたのだ。「こっちにきてみたほうがいいわ、ヴィッキー。子ども図書室にコウモリがいるの」

たしかにコウモリがいて、天井の梁《はり》からぶらさがっていた。そしてデューイがわたしのすぐ後ろにたっていた。

「教えようとしていたんだよ。教えようと。ほら、みてごらん。利用者がみつけちゃった。誰もこないうちにどうにかできたのに。もう図書館には子どもたちがきている。あなたは子どもたちを守っているのかと思ってたよ」

猫にお説教をされたことはあるだろうか？　楽しい経験ではなかった。とりわけ猫が正しいときは。しかも、コウモリが関わっているときは。わたしはコウモリを毛嫌いしている。図書館にいると考えただけで耐えられなかった。しかも、ひと晩じゅう図書館の中をバタバタ飛び回っていたとは想像もつかなかった。かわいそうなデューイ。

「心配しないで、デューイ。コウモリは昼間は眠っているの。誰にも危害を加えないわ」

デューイは納得したようにはみえなかったが、それについて心配しているわけにはいかなかった。わたしは来館者たちを、とりわけ子どもたちをおびえさせたくなかったので、こっそり市庁舎の用務員に電話して、こういった。「すぐに図書館にきてちょうだい。はしごを持ってきてね」

彼ははしごを登って確かめた。「たしかにコウモリだ」

「しいっ。声を低くして」

わたしははしごをおりてきた。「掃除機はあるかい？」

彼は身震いした。「掃除機なんて使わないで」

「タッパウェアは？　蓋のついたやつ」

わたしはただ茫然と彼をみつめた。ぞっとした。

誰かがいった。「空のコーヒー缶があるわ。蓋がついている」

作業はものの二秒で終わった。ありがたい。あとはカードの惨状をどうにかしなくてはならなかった。

「これはわたしの過失だわ」まだ貸し出しカウンターにいたジャッキーにいった。

「わかってるわ」ジャッキーにはひょうきんなユーモアセンスがあるのだ。

「デューイはわたしたちに警告しようとしていたのよ。これはわたしが片づけるわ」

「そうするだろうと思ってたわ」

わたしは二十枚ほどのカードを引き抜いた。その下にはコウモリの糞《ふん》が大きな山になっていた。デューイはわたしの注意を引こうとしていただけではなかった。自分のおしっこの臭いを利用して、侵入者の悪臭を隠そうとしたのだ。

「ああ、デューイ、さぞかしわたしのことをばかだと思っているでしょうね」

翌朝、デューイはわたしが「見張り態勢」と呼ぶことを始めた。毎朝三本の暖房用通風口の匂いを嗅いだ。ひとつはわたしのオフィス、ひとつは正面ドアのわき、もうひとつは子ども図書室。昼食後にまた一本ずつ匂いを嗅いだ。その通風口がどこかにつうじていて、そこから何かが侵入してくると知っていたのだ。彼はわたしたちを守るために強力な嗅覚を使った。かの有名な「炭鉱のカナリア」になったのだ。彼の態度はこういっていた。「コウモリが図書館のどこにいるのかわからなくて、どうやってみんなを守れるの？」

見張りをする猫にはどことなく滑稽なところがあったと思う。デューイは何を心配していたのだろう？　スペンサー公共図書館に対するテロリストの攻撃？　感傷的といわれても、そのすべてがとてもいとおしかった。人生のある時期、デューイは自分の世界を図書館の外の通りに広げるまで満足しなかった。彼の話が国じゅうに知られるようになった今、彼は図書館に身をひそめ、友人たちを守ろうとしているのだった。そんな猫は愛さずにはいられない、そうでしょう？

しかも世間も同じだった。デューイの名声はますます高まったからだ。あらゆる猫の雑誌にとりあげられた——《猫》、《猫好き》、《猫と子猫》。雑誌のタイトルに「猫」がはいっていれば、デューイはたいていそこに登場した。イギリスの一流猫雑誌《あなたの猫》にも登場した。マルティ・アトゥーンという若いフリーライターが、カメラマンを連れてスペンサーまでやってきた。デューイの記事は、「アメリカン・プロフィール」という、千紙以上の新聞に掲載されている週末の特集記事に登場した。そして一九九六年の夏、ボストンのドキュメンタリー映画の製作者が、初めてデューイを映画に出演させたいといって、辺鄙《へんぴ》なアイオワ州スペンサーにカメラクルーを引き連れてやってきた。

ゲリー・ローマは東海岸からノースダコタまで、国じゅうを旅して、図書館猫のドキュメンタリー映画を製作していた。スペンサーにも、すでに別の図書館で撮影したようなフィルムを撮るつもりでやってきた。書棚の陰に警戒して走りこんだり、逃げていったり、寝ころんだり、カメラをみないためにありとあらゆることをする猫を。デューイは正反対だった。大げさにふるまうことはなかったが、まったくいつものように行動した。しかも、指示されて演技したのだ。ゲリーは朝早く図書館にやってきて、正面ドアでわたしを待っているデューイをカメラにおさめた。デューイがセンサーの横にすわり、来館者に挨拶しているところを撮った。お釈迦《しゃか》さまのポーズで寝そべっているところ。

お気に入りのおもちゃ、マーティ・マウスと赤い毛糸で遊んでいるところ。デューイ・キャリーで利用者の肩に寝そべっているところ。そして箱の中で寝ているところ。

ゲリーはいった。「これまで撮影した中でも最高のフィルムになりそうだ。よかったら、昼食後にまたききたいんだが」

昼食後、わたしはインタビューを受けた。前置きの質問をいくつかしてから、ゲリーはたずねた。「デューイには、どういう意義があるんですか？」

わたしは説明した。「デューイは図書館にとってすばらしい存在です。ストレスを軽減してくれます。わが家のように感じさせてくれます。みんな、とりわけ子どもたちは彼が大好きです」

「ええ、でも、もっと深い意味は？」

「もっと深い意味なんてありませんよ。誰もがデューイと過ごすことを楽しんでいる。彼はわたしたちを幸せにしてくれる。わたしたちの仲間なんです。人生にそれ以上のものが必要でしょうか？」

彼は意味、意味、意味と質問し続けた。ゲリーの最初の映画は《三階から、壁から。ドアストッパー・ドキュメンタリー》で、そこにありったけの主題をこめたのではないかと想像できた。「あなたにとってドアストッパーはどういう意味がありますか？」

「ドアが壁に当たらないようにするものですね」

「ええ、しかし、もっと深い意味は？」

「ああ、ドアを開いておくために使うわ」

「もっと深く」

「うーん、部屋の風通しをよくする？」

ゲリーはドアストッパーからもっと深い意味を引きだしたにちがいなかった。なぜならこの映画の批評で、言語学者は言葉の由来を分析し、哲学者はドアのない世界について考察している、と評したからだ。

撮影から半年ほどたった一九九七年の冬、《本に囲まれた猫ちゃん》の封切りパーティーを開いた。図書館には人が詰めかけた。映画はスペンサー図書館の床にすわり、ゆっくりと尻尾を前後に振っているデューイの姿で始まった。カメラがズームインして、テーブルの下、書棚の上、最後にお気に入りのカートに乗っているところを映しだした。背景にはわたしの声が流れた。「ある朝、出勤して、返却ボックスを開いて本をとりだすと、その中には、この小さな子猫がはいっていたのです。彼は本の山に埋もれ、返却ボックスは本でほぼ満杯でした。来館者たちはわたしたちがどうやってデューイにであったかといういきさつをきき、こういうでしょう。『まあ、なんてかわいそうな猫ちゃん。あの日、返却ボックスに投げこまれたのね』するとわたしはこういいます。『かわいそうな猫ちゃんなんて、とんでもない。デューイにとって人生で最高についている日でしたよ。だって彼はここの王様で、そのことを自分でも承知しているんです』」最後の言葉とともに、デューイがカメラをじっとみつめる。いやはや、わたしは正しかった。彼は本当に王様だったのだ。

この頃には、デューイについて奇妙な電話を受けることに慣れっこになっていた。図書館は週に二回インタビューを申し込まれ、ほぼ週に一度の割合で有名な猫について掲載した記事が郵便で送られてきた。ジョディがスペンサーを離れた直後に、リック・クレプスバックに撮ってもらったデューイの正式な写真は、雑誌、会報誌、本、新聞に載った。それもお隣りのミネソタ州ミネアポリスから、イスラエルのエルサレムにいたる各地で。猫カレンダーにも登場した。デューイは一月だった。だが、ある全国的なペットフード会社のアイオワ支社から電話がかかってきたときは、さすがのわたしも驚いた。「デューイをずっとみてきたんです。そしてとても感銘を受けました」受けない人なんているかしら？　「デューイは驚嘆すべき猫に思えます。そして、明らかにみんなに愛されています」いうまでもないわ！　「活字媒体の宣伝キャンペーンにデューイを使いたいのです。お金は払えませんが、生涯、無料でキャットフードを提供します」

心がそそられたことは認めねばならない。デューイは食べ物にうるさかったし、わたしたちは甘い親だった。匂いが気に入らなかったからという理由だけで、毎日たくさんの食べ物を捨てていた。おまけに、一年に百缶もの、デューイが気に入らなかったキャットフードをよそに寄付していた。小銭をソーダ缶にいれてもらう「子猫にえさを」のキャンペーンではとうてい足りなかったし、市の予算をデューイの世話のためには一セントも使わないと決めていたので、ほとんどをわたしのポケットマネーでまかなっていた。スペンサーの相当数の猫にえさを与えるための補助金を、わたしは個人的に支払っていたわけだ。

「図書館理事会に相談してみます」

「サンプルをお送りしますね」

次の図書館理事会までに、結論はすでに下されていた。わたしでも理事会でもなく、デューイ自身によって。舌の肥えた猫は無料サンプルを完全に拒否したのだ。

「冗談でしょ？」彼は軽蔑したように匂いを嗅ぐといった。「こんなろくでもないえさの宣伝なんてできないよ」

「すみません」わたしはメーカーに謝った。「デューイはファンシー・フィーストの缶詰しか食べないんです」

世界一食べ物にうるさい猫

デューイの好みのうるささは、性格のせいだけではなかった。病気を持っていたからだ。いや、実際、本当のことだ。デューイは消化器官に欠陥があった。

デューイはおなかをなでられるのをずっと嫌がっていた。背中をなでる、耳をかく、さらには尻尾をひっぱったり、目を突くことまで許しても、決しておなかはさわらせなかった。ただデューイが二歳ぐらいになったとき、ドクター・エスタリーが彼の肛門腺《こうもんせん》をきれいにしようとするまで、わたしはそれについて深く考えたことがなかった。「腺を押しさげて、きれいにしぼります」医師は説明した。「三十秒もかかりませんよ」

簡単そのものに思えた。ドクター・エスタリーが手袋とペーパータオルの準備をするあいだ、わたしはデューイを抱えていた。「なんでもないわ、デューイ」わたしはささやいた。「あっと思ったときには終わってるわよ」

だがドクター・エスタリーが押したとたん、デューイは悲鳴をあげた。それはおだやかな抗議ではなかった。おなかの底から発せられた、完全におびえた叫び声だった。雷に打たれたかのように体が硬直し、脚を必死にばたつかせた。そして口を開けて、わたしの指を嚙んだ。思いきり。

ドクター・エスタリーはわたしの指をみた。「そんなことはしちゃいけないな」

わたしは傷をさすった。「大丈夫です」

「いや、問題だよ。猫はそんなふうに嚙むべきじゃない」

わたしは心配していなかった。これはデューイらしくなかった。わたしはデューイを知っていた。決して嚙むような猫ではなかった。それに、哀れな猫の目に浮かぶパニックにも気づいていた。彼は何もみていなかった。ただ宙をみつめていた。痛みは目もくらむほどだったのだ。

その後、デューイはドクター・エスタリーが大嫌いになった。車に乗ることすら嫌がるようになった。ドクター・エスタリーのところにいくかもしれないからだ。獣医の駐車場にすべりこむと、体を震わせはじめた。ロビーの匂いを嗅ぐと、おさえきれないほどガタガタ震えた。わたしの腕の付け根に頭をもぐりこませた。まるで「ぼくを守って」といわんばかりに。

ドクター・エスタリーの声をきいたとたん、デューイはうなり声をあげた。多くの猫が診察室にいる獣医を嫌うが、それ以外の世界では他の人間と同じように接する。デューイはちがった。ドクター・エスタリーをこのうえなく恐れたのだ。図書館で彼の声をきくと、デューイはうなり声をあげ、部屋の反対側に逃げていった。ドクター・エスタリーがこっそりデューイに近づき、なでようと手を伸ばすと、デューイは飛びあがり、パニックになって周囲を見回し、猛烈な勢いで逃げだした。ドクター・エスタリーの匂いがわかったのだと思う。デューイにとって、その手は死の手だった。彼は自分の大敵を発見したのだ。たまたま、その人物は町でいちばんいい人だったのだが。

肛門腺の事件以来、たいしたできごともなく歳月が過ぎたが、デューイはまたも輪ゴムを探し始めた。子猫のとき、彼の輪ゴム探しはさほど熱心ではなく、簡単に他のもので気を散らされた。五歳になると、デューイは真剣に取り組むようになった。ほとんど毎朝、床にべとついた残骸がころがっているのをみつけるようになった。デューイのトイレには蟯虫《ぎょうちゅう》のような輪ゴムだけではなく、ときには血が混じるようになった。ときどき、奥の部屋から、おしりの下で爆竹がはじけたかのように飛びだしてくることもあった。

ドクター・エスタリーは便秘だと診断した。重症の便秘だと。「デューイはどういう食べ物をとっていますか？」

わたしは目玉をぐるりと回した。デューイは世界一食べ物にうるさい猫になりかけていた。「とてもえり好みするんです。嗅覚がとても鋭くて、食べ物が古かったり、どこかおかしかったりするとわかるんですよ。たしかにキャットフードの品質は最高とはいえません。動物の肉のあまった部分の寄せ集めですから。デューイを責められません」

ドクター・エスタリーは、子どもの問題行動について釈明した親を、幼稚園の教師がみるようなまなざしで、わたしをみた。甘やかしすぎなのだろうか？

「いつも缶入りのキャットフードを食べているんですか？」

「はい」

「けっこう。水はたっぷり飲んでいますか？」

「全然」

「全然？」

「毒みたいに水の皿を避けるんです」

「もっと水を飲ませなさい」ドクター・エスタリーはわたしにいった。「それで問題は解決しますよ」

ありがとう、先生、簡単そのものね。でも、猫の意思に逆らって水を飲ませようとしたことがある？　不可能よ。

わたしはやさしくなだめすかして水を飲ませようとした。デューイはうんざりしたようにそっぽを向いた。

買収しようとした。「水を飲むまで食べ物をあげないわよ。そんなふうにわたしをみないで。あなたより、わたしのほうがねばり強いんだから」だが、ちがった。わたしはいつも折れた。

デューイが食べているときになでるようにしてみた。ゆっくりと、なでながら押した。「頭を水に突っ込めば、飲まないわけにいかないわ」と考えたのだ。いうまでもなく、その計画はうまくいかなかった。

たぶん水のせいなのだろう。お湯で試してみた。冷たい水で試した。五分おきに新しい水にした。ちがう蛇口《じゃぐち》を試した。一九九〇年代なかばだったので、当時は瓶《びん》入りの水などというものはなかった。少なくともアイオワ州のスペンサーには。水皿に氷をいれてみた。誰もが冷たい水が好きでしょう? 実をいうと、氷はうまくいった。デューイは一回なめたのだ。だが、それ以外は一切飲まなかった。どうして動物が水なしで生きていられるのだろう?

数週間後、わたしがスタッフ用トイレにはいっていくと、デューイがいた。トイレにすわり、頭を完全に便器に突っ込んでいた。わたしにみえるのは、宙に突きたったおしりだけだった。トイレの水！　なんて油断ならない、いまいましい猫なのだろう。

「まあ、少なくとも脱水で死ぬことはないわね」

スタッフ用トイレが使われていないときは、ドアは開けっぱなしになっていた。だからトイレがデューイのおもな水の補給源になっていたのだ。だが、彼は図書館の表側の女性用トイレも好きだった。ジョイ・デウォールは図書館の係員で、もっぱら棚に本を並べる仕事をしていた。デューイは彼女が本用カートに本を積むのをみていて、一杯になるとそこに飛びのる。カートが移動していくときに書棚をながめ、気に入ったものをみつけると、降りたいとジョイに合図する。ちょうど小さな猫用の手押し車に乗っているかのように。彼女がやさしいことを知っていたので、いつもそのトイレに入れてくれと頼むのだ。いったん小部屋に入ると流しに飛びのり、水栓をひねってくれと要求した。この水を飲むのではなかった。ただみていた。水が流しの栓に当たる様子が、なぜか彼の心をとらえたのだ。一時間でも水をながめていたし、ときどき前足ですばやくぱしゃりと水面をたたいた。

だが、それでは彼の便秘改善に役立たなかったし、水の陶器のボウルにも相変わらず足を運ばなかった。水をみているにしろ飲むにしろ、やはり便がでなかった。いよいよひどくなると、デューイは姿を隠した。ある朝、気の毒なシャロンが貸し出しカウンターでティッシュをとろうといちばん上の引き出しに手をいれると、毛むくじゃらの体をつかんでしまった。彼女は椅子からころげおちそうになった。

「どうやってここに入ったのかしら?」彼女はデューイの背中をみつめていった。頭とおしりは完全に引き出しに隠れていた。

いい質問だった。引き出しは午前中ずっと開いていなかったから、デューイは夜のあいだにもぐりこんだのだろう。デスクの下をのぞいてみた。やはり、引き出しの裏側に小さな開口部があった。だが、もぐりこんでいたのはいちばん上の引き出しで、床からは一メートル以上あった。ミスター・くにゃくにゃ背骨は、割れ目のてっぺんまでどうにか進んでいき、狭い角を曲がり、十センチぐらいしかない狭い空間に丸くなったのだ。デューイを起こそうとしたが、わたしの手を振り払い、動かなかった。まったく彼らしくなかった。明らかにどこかおかしかった。

疑ったとおり、デューイは便秘になっていた。ひどい便秘だった。またもや。今回、ドクター・エスタリーは徹底的に検査して、デューイの敏感なおなかを熱心に、突いたり押したりした。ああ、みているのはつらかった。これはまちがいなく猫と医者との良好な関係のおわりだった。

「デューイは腸拡張《ちょうかくちょう》ですね」

「わかりやすく説明していただけますか、ドクター」

「デューイの腸は拡張しています。そのせいで腸管の中身を体の空洞にためこんでしまうんです」

沈黙。

「デューイの腸は限りなく伸ばされている。それで、さらに排泄物をためることができる。デューイがそれを押しだそうとするときには、開口部が狭すぎるのです」

「多少水を多く飲んでも、その問題は解決しそうにないんですね？」

「残念ながら治療法はないですね。めったにない症例です」実際、原因もよくわからなかった。どう考えても、拡張した猫の腸は最優先の研究事項ではなかった。

デューイが路地で生きていたら、拡張した腸は彼の寿命を縮めただろう。図書館のように管理された環境だと、とても好みのうるさい食生活とともに、定期的な、だが深刻な便秘になった。消化管がつかえがちなときは、猫は体に入れるものにとてもうるさくなるのだ。というわけで、彼は病気を抱えているといったのだ。

ドクター・エスタリーは高価なキャットフードを勧めた。動物病院でしか買えないようなものだ。名前は忘れてしまった。たしか「中年の猫の便通トラブル用処方」だっただろうか？　その価格は家計を破綻させそうだった。うまくいかないだろうとわかっているものに、三十ドルも投資するのは気に入らなかった。

ドクター・エスタリーにいった。「デューイは食べ物の好みがうるさいんです。これは気に入らないと思います」

「ボウルにいれてみなさい。他には何も与えないように。いずれ食べますよ。自ら飢え死にする猫はいません」わたしが帰ろうと支度をしていると、獣医はわたしにだけではなく自分にいいきかせるように、つけくわえた。「これから注意深くデューイを観察していきましょう。彼に何かあったら、一万人の人間が不幸になりますから」

「それ以上の人がいます、ドクター・エスタリー。もっとたくさんの人が」

わたしは高価な新しいキャットフードをボウルにいれた。デューイは食べなかった。一度だけ匂いを嗅いで立ち去った。

「この食べ物はおいしくないよ。いつものやつがほしいな」

翌日、デューイは巧妙な態度をとった。匂いを嗅いで立ち去るのではなく、食べ物のボウルのかたわらにすわり、鳴いたのだ。

「ねえ、どうして？　こんな仕打ちを受けるような何をしたっていうの？」

「ごめんね、デューイ。お医者さんの命令なの」

二日後、デューイは空腹だったが、降参しなかった。前足で食べ物をはたくことすらしなかった。そのとき、デューイが頑固だということに気づいた。痛ましいほどまでに頑固だった。彼はおだやかな猫だった。人好きがした。しかし、食べ物のように重大な問題になると、おなかをみせて、犬のような真似をすることは絶対になかった。

そして、わたしも同じだった。ママだって頑固になれるのだ。

そこでデューイはわたしに隠れて、他のスタッフに訴えはじめた。まず最初にシャロンのデスクに飛びのり、彼女の腕に体をこすりつけた。これまでにもよくシャロンのデスクにすわって、彼女がランチを食べるのをながめていたのだ。彼女はおいしい食事を楽しんでいるようにみえた。

それが功を奏しないと、旧友のジョイを試した。彼女はいつも甘い相手だった。それから、オードリー、シンシア、ポーラ、全員を試した。真面目で実際的なタイプだと承知していたにもかかわらず、ケイまで試した。ケイは弱さを軽蔑していた。だが、彼女ですら心が揺れているのがみてとれた。ケイは強硬な態度をとろうとしたが、デューイに対しては本当にやさしい気持ちを抱くようになっていたのだ。

わたしは気にしなかった。批判させておけばいい。わたしはこの闘いに勝つつもりだった。今は胸が痛むかもしれないが、最終的にデューイはわたしに感謝するはずだった。それに、公言しているとおり、わたしは母親だった！

四日目、来館者までがわたしに詰め寄ってきた。「彼にえさをあげて、ヴィッキー。とてもおなかがすいてるみたいよ」デューイは恥ずかしげもなく、彼のファンの前で飢えた猫のふるまいをしたのだ。それは実に効果を発揮した。

とうとう、五日目にデューイのお気に入りのファンシー・フィーストの缶詰をやった。息つぎに顔をあげることもせずに、彼はがつがつと食べた。「これだよ」彼は唇をなめながらいった。それから、隅っこにいって、顔と耳を念入りに毛づくろいした。「これでみんなが気分よくなったよね？」

その夜、わたしはでかけて、どっさり缶詰を買った。もう彼と闘うことはできなかった。「死んだ猫より便秘の猫のほうがましだわ」と思った。

二カ月、デューイは幸せだった。わたしも幸せだった。世の中は万事うまくいっていた。

それからデューイはいきなりファンシー・フィーストが好きではないという結論に達した。もうひと口も食べなかった。彼は新しいものをくれ、それも大至急ほしい、と要求した。わたしは新しい味のものを買った。水気が多く匂いの強い、小さなかたまりのはいっている種類だ。デューイはひと嗅ぎして、歩み去った。「いやだよ、これでもない」

「食べなさい、お若いの、さもないとデザートはないわよ」

その日の終わり、食べ物はまだそこにあった。乾いてぱさぱさになっていた。どうしたらいいのだろう？　デューイは病気だった！　五回も試したあげく、とうとう彼の好きな味をみつけた。ただし、たった二、三週間しか続かなかった。そして彼はまた新しいものを要求した。ああ、なんてこと。わたしは闘いの場の主導権をゆずっただけではない。完全に負けてしまった。

一九九七年には、この状況はまったくもって滑稽になっていた。書棚を丸々占拠しているキャットフードの缶詰を笑えるだろうか？　誇張しているのではない。スタッフエリアのふたつの棚には、デューイのものを保管していた。片方は食べ物専用だった。常に少なくとも五種類の缶詰を用意していた。デューイは中西部風の嗜好《しこう》だった。お気に入りの味はビーフ、嚙みごたえのあるチキン、ビーフとレバー、ターキーだったが、いつ別の味が彼の興味をひくかは予想がつかなかった。シーフードは嫌いだったが、エビには夢中になった。一週間だけ。それから口をつけようともしなくなった。

不運にもデューイは相変わらず便秘だった。そこでドクター・エスタリーの命令によって、わたしはカレンダーのページをコピーして壁に貼っていた。誰かがデューイのトイレ砂にプレゼントをみつけるたびに、日付に丸をつけた。そのカレンダーはスタッフのあいだで、「デューイのうんち表」として知られていた。

シャロンのような人間がどう考えていたのかは、想像することしかできない。彼女はとてもおもしろいひとで、デューイを愛していたが、潔癖《けっぺき》でもあった。いまやわたしたちは、しじゅううんちについて話題にしていた。わたしたちの頭がおかしいと思ったにちがいない。だがシャロンはちゃんと表に印をつけ、一度も文句をいわなかった。もちろん、デューイは週に二度ぐらいしかうんちをしなかったので、ペン先がすりへるようなことはなかったのだが。

デューイが三日間排便しないと、トイレとのロマンチックなデートのために、裏のクロゼットにデューイを閉じこめた。どこであれデューイは閉じこめられるのが大嫌いだったが、暗いクロゼットはことさら嫌がった。わたしもそのことがデューイと同じぐらい嫌だった。とりわけ、冬はクロゼットには暖房がなかったから。

「あなたのためなのよ、デューイ」

半時間ほどすると、わたしは彼をだしてやる。トイレ砂に何も見当たらないと、一時間ほど彼をうろつかせて、また半時間閉じこめる。うんちがないと、またクロゼットに。三回が限度だった。三度試しても排便できないときは、本当に無理なのだ。

この作戦は完全に裏目にでた。デューイはまもなくすっかり甘やかされて、誰かに連れていかれないとトイレを使うことを拒否したのだ。夜にはまったくいかなくなり、朝いちばんにわたしは彼をトイレに連れていかなくてはならなかった——そう、連れていくのだ。まさに王様だった！

わかっている、たしかに。わたしは彼を甘やかした。猫に対して甘かった。しかし、甘やかさずにはいられなかったのだ。デューイが憤慨していることはわかっていた。彼を世話するはずのわたしが、生涯にわたる病気を抱えていたからだ。わたしは頻繁に病院に出入りしていた。二度、スーフォールズ病院に救急車で運ばれたことがあった。さらに、いらだたしい腸の病気、甲状腺《こうじょうせん》の機能亢進《こうしん》によるバセドウ病、重度の偏頭痛などでメイヨー・クリニックにかよった。あるときは、二年間両脚にじんましんがでた。結局、教会の祈禱《きとう》用ひざつき台にアレルギーがあると判明した。一年後、いきなり体が動かなくなった。三十分間、まったく動けなくなったのだ。スタッフはわたしを車に運び、自宅に連れていってベッドに寝かせなくてはならなかった。それは結婚式でも再び起きた。ウエディングケーキをフォークで口に運びかけたとき、腕をおろせなくなったのだ。舌が動かないので誰かに説明することもできなかった。ありがたいことに友人のフェイスがいっしょだった。原因は投薬のひとつの副作用で、急激に血圧が低下したことだった。

だが、これまでに最悪だったのは、乳房の腫瘍《しゆよう》だった。現在でも、それについては冷静には語れない。この経験はごく少数の人にしか打ち明けていなかったので、いまさら沈黙を破るのはむずかしい。不完全な女性としてみられるのはつらかった。だが、それ以上につらいのは、ペテン師だと思われることだ。

わたしの人生におけるもろもろ――アルコール依存症の夫、健康問題、衝撃的な子宮摘出――のなかでも、両方の乳房を切除されたことはもっともつらい経験だった。最悪の部分は手術ではなかったが、手術のせいで、おそらくこれまでの人生でこれ以上ないほど苛酷な肉体的苦痛を味わった。最悪の部分は決意することだった。一年以上、それについて苦悩しつづけた。スーシティ、スーフォールズ、オマハまで三時間以上かけていき、医者に相談した。それでも、決心がつかなかった。

両親は手術を受けるように励ましてくれた。二人はこういった。「受けなくちゃだめよ。健康にならなくちゃ。命がかかっているんだから」

友人たちにも相談した。彼女たちは結婚生活の最後の時期と、その後のたくさんの問題を克服するのに手を貸してくれた。だが、初めて彼女たちは答えを返してくれなかった。のちに、とても対処できなかったのだとうちあけられた。

わたしはきわめて乳癌《にゅうがん》に近い状態だった。手術をする必要があった。それは承知していた。もし手術をしなかったら、癌を宣告されるのは時間の問題だろう。しかし、わたしは独身女性だった。いつも成功するとはいえなくても、けっこう定期的にデートしていた。友人のボニーとはいまだにウエスト・オコボジのダンスパーティーで出会ったカウボーイについて笑いあっている。わたしたちはスーシティで出会って、彼は床におがくずがまいてある田舎の店のひとつに連れていってくれた。そこの食事については説明できない。というのも、けんかが起きて、誰かがナイフを引き抜き、二十分間、女性用トイレに隠れていたからだ。カウボーイはやさしくわたしを彼の家に連れていって、弾丸の作り方をみせてくれた――本当のことだ。帰る途中、家畜収容所を抜けて車を走らせた。彼は月明かりで囲い地をながめるのがロマンチックだと思ったのだ。

そして、そうした失敗にもかかわらず、いまだにわたしはちゃんとした男性を探していた。その希望を捨てたくなかった。だが、乳房のないわたしを愛してくれる人がいるだろうか？　性生活を失うことを心配していたのではなかった。女性としての人生、女としてのアイデンティティ、自己イメージを失うことが問題だった。両親は理解していなかった。友人もおびえて助けてくれなかった。どうしたらいいのだろう？

ある朝、オフィスのドアがノックされた。会ったことのない女性だった。彼女は部屋に入ってくると、ドアを閉めてこういった。「わたしのことはご存じないでしょうけど、ドクター・コールグラフの患者です。ドクターに、あなたに会ってくるように頼まれたのです。五年前、わたしは両方の乳房を切除しました」

わたしたちは二時間話をした。彼女の名前は覚えていないし、二度と会うことはなかった（スペンサーの出身ではなかったのだ）。だが、彼女のひとことひとことを覚えている。あらゆることについて話し合った——痛み、手術、回復。だがもっぱら感情について。彼女はまだ女性という気がしているか？　まだ自分らしくいられるか？　鏡をみたとき、何をみたのか？

彼女が帰ったとき、わたしは正しい決断が何かがわかっていただけではなく、それをすぐにもくだす気になっていた。

両側乳房切除術には、たくさんの手順を踏んだ。まず、乳房を切除した。それからエキスパンダーと呼ばれる一時的な挿入物を埋めこんだ。わたしはわきの下に穴を開けて——皮膚からまさにチューブが突きでていた——二週間ごとに、胸の皮膚を伸ばすために生理食塩水を注入された。不運にもシリコン移植の危険性が、手術後一週間目にニュースになり、食品医薬品局が新たな移植を一時的に禁じた。わたしは結局、本来なら四週間だけの一時的なエキスパンダーを八カ月も挿入したままだった。わきの下の組織がとても傷ついたせいで、気圧が変化するたびに、体のわきを痛みが駆け抜けた。何年ものあいだ、ジョイは黒雲をみかけるとたずねたものだ。「ヴィッキー、雨になるんじゃない？」

「ええ。だけど、あと三十分は大丈夫」痛みの程度によって、十分以内に雨が降りだすかどうかわかったのだ。耐えがたい痛みになったときには、すでに雨はすぐそこまできていた。ジョイとわたしは笑いあったものだ。なぜなら、いつもほぼ正しかったから。しかし、わたしは本当のところすわりこんで、ただじっとしていたかった。そして泣きたかった。

誰もわたしの痛みを知らなかった。両親も友人も、スタッフたちも。医者はわたしの体内を探って、できるだけの肉をかきだした。そのうつろさ、痛み、かきだされた感覚は、いつもわたしにつきまとっていたが、ときどき痛みがあまりにも突然、荒々しく襲ってくると、わたしは床にすわりこんだ。一年近く、図書館の勤務もとぎれとぎれになった。デスクまで必死に歩きながら、本当はここにいるべきではないと思った日も多かった。ケイが代理を務めて、図書館はわたしがいなくても運営されていたが、わたしは図書館なしで生きていけるかどうか自信がなかった。日課。仲間。達成感。そして、とりわけデューイ。

過去にデューイを必要とするときは、彼はいつもそばにいてくれた。人生に打ちのめされたと感じたとき、彼はパソコンの上にすわっていてくれた。ソファに並んですわり、ジョディがやってくるのを待っていてくれた。今、デューイはわたしの隣からのぼってきて、ひざにすわった。並んで歩くのをやめて、わたしに抱いてくれとせがむようになった。それはささいなことに思えるかもしれないが、わたしにとっては大きなちがいだった。というのも、おわかりのように、わたしにはふれてくれる相手がいなかったからだ。わたしと世間とのあいだには距離ができた。わたしを抱きしめ、万事大丈夫だよ、といってくれる人が誰もいなかった。決断を下すかどうか苦悩し、喪失を嘆き、肉体的痛みに耐えた二年間、デューイは毎日わたしにふれてくれた。わたしの上にすわった。腕のあいだにもぐりこんだ。そしてすべてが終わり、わたしが元の自分に近い人間に戻ったとき、彼はまたわたしの隣にすわるようになった。その二年間わたしが経験したものを、誰も理解できなかった。デューイをのぞいては。彼は愛は不変だと理解しているようだった。だが、本当に愛を必要とするときは、より高いレベルにまで愛を引きあげられるのだ。

図書館に初めてやってきてからずっと、毎朝デューイはわたしを正面ドアのかたわらで待っていた。わたしが近づいていくのをじっとみつめていた。それから、さっときびすを返して、わたしがドアを開けたときには食べ物のボウルに走っていった。そして、そのおぞましい二年間でもことさらつらい朝から、おいでおいでをするように前足を振るようになった。そう、手を振ったのだ。わたしは足をとめて、彼をながめた。彼は動きをとめて、わたしをみつめた。それから、また手を振りはじめた。

翌朝もそうだった。そして次の日も。さらに次の日も。とうとう、これがわたしたちの新しい日課だとわかった。それから生涯を終えるまで、デューイはわたしの車が駐車場に入ってくるのをみるなり、右足で正面ドアをひっかきはじめた。手を振るのはわたしが通りを渡って、ドアに近づくまで続いた。せっぱつまった態度ではなかった。鳴き声をあげたり、うろうろしたりはしなかった。ただじっとすわって、手を振っていた。あたかもわたしを歓迎するかのように、と同時に、自分の存在を思い出させるかのように。わたしが忘れる可能性があるといわんばかりに。毎朝、わたしが図書館に歩いていくあいだデューイは手を振り、わたしの気分を明るくしてくれた。仕事について、人生について、自分自身について。デューイが手を振っていたら、すべてが平気になった。「おはよう、デューイ」わたしはいう。たとえこのうえなく暗く寒い朝でも、心は歌い、図書館は命にあふれている。彼をみおろし、微笑みかける。デューイはわたしの足首に体をこすりつける。わたしの相棒、わたしのかわいい坊や。それから彼を両腕に抱き、トイレまで運んでいく。それぐらいの要求をどうして断われるだろう?

デューイの新しい友人たち

一九九九年の六月七日の午後、わたしはデューイのファンから電話をもらった。「ヴィッキー、ラジオをつけて。信じられないと思うわ」

ラジオをつけると、「これでおわかりでしょう……残りの物語は」ときこえた。

ラジオをきいている人間なら、その別れの言葉を知っていた。ポール・ハーヴェイの「残りの物語」はラジオ史において、もっとも人気のある番組のひとつだった。毎回、有名人の人生におけるささやかな、だが印象的なできごとを紹介していた。仕掛けは、ポール・ハーヴェイが有名な結びの言葉をいうまで、誰について語っているのかわからないことだった。

「そしてその小さな坊やは」と彼はいうかもしれない。「あれほど桜の木を切り倒したがった男の子は、大きくなって他でもないジョージ・ワシントンに、アメリカの父になったのです。そして、これでおわかりでしょう……残りの物語は」

今、ポール・ハーヴェイは町を活気づけ、世界じゅうで有名になった猫の話をしていた……そして、それは寒い一月の朝、小さなアイオワの町にある図書館の返却ボックスから始まった。そして、これでおわかりでしょう……。

ポール・ハーヴェイのスタッフが事実を確認するために電話をしてこなかったことなど、どうでもよかった。彼らが残りの物語の十パーセントを、デューイを特別な存在にしている部分を知らなくても気にならなかった。放送が終わる頃、わたしはすわりこみ、こう考えていた。「やったわ。デューイは本当に有名になったのよ」そして、これからどうなるだろうと考えた。

デューイのファンはたくさんいた。来館者は毎日、最新のデューイのニュースを知りたがった。子どもたちは満面に笑みを浮かべて図書館に駆けこんできて、友人を探した。だがデューイのいいニュースは、もはや町の他の人々の心を動かさないように思えた。実際、一部の人々に背を向けさせてしまったのではないかと心配していた。デューイは少々マスコミに露出しすぎていたのではないかと思う。

だが、それもスペンサーに限ったことだった。町の外にはまだ十分に知られていなかった。いくつかの州の理事会に加え、わたしはアイオワ州図書館機構における六人の教育官の一人だった。わたしはアイオワ・コミュニケーション・ネットワーク（ＩＣ

N）を利用して、その講座を教えていた。テレビ電話を利用して国内の図書館、軍事施設、病院、学校を結ぶシステムだ。毎回、わたしはうちの図書館のICNルームにすわり、講座の最初の授業をおこなったが、最初の質問は「デューイはどこにいますか？」だった。

「そうそう」別の司書が声をあげた。「デューイに会えますか？」

幸いデューイはICNルームのすべての会議に参加していた。彼は実際の人間による会議のほうが好きだったが、テレビ会議もまあ許容範囲だった。わたしがデューイをテーブルにのせて、ボタンを押すと、彼は全国の画面に映った。ネブラスカからは息を呑《の》む声がきこえたかもしれない。

「なんてかわいいの」

「うちの図書館も猫を飼うべきだと思いますか？」

「それがふさわしい猫なら」いつもわたしはそう答えていた。「どんな猫でもいいわけではありません。特別な猫でないと」

「特別？」

「冷静で、辛抱強く、威厳があって、頭がよく、なによりも外向的なこと。図書館猫は人間を愛さなくてはならないわ。外見がゴージャスで、忘れられないようなエピソードの持ち主だといっそういいわね」図書館猫であることを心から愛していなくてはならない、とまではいわなかった。

「では」わたしは最後にいった。「お楽しみはこれぐらいで。検閲《けんえつ》と蔵書を増やす件に移りましょう」

「ちょっと待ってください。スタッフにデューイを会わせたいんです」

テーブルのお気に入りの場所に寝そべっている、大きな赤茶色の相棒をみやる。「あなたはこれが気に入ってるのよね?」

彼は無邪気な目つきでわたしをみる。「誰、ぼくのこと? ぼくはただ自分の仕事をしているだけだよ」

デューイを愛していたのは図書館の人間だけではなかった。ある朝オフィスで仕事をしていると、ケイがフロントカウンターから呼んだ。そこにたっていたのは四人家族、若い両親と子どもたちだった。

「このすてきなご家族は」とケイはほとんど驚きを隠そうともせずにいった。「ロードアイランドからいらしたんです。デューイに会いにきたのよ」

父親は片手を差しのべた。「ミネアポリスにいたんです。それで車を借りて、こっちまでこようと決めたんですよ。子どもたちはデューイが大好きなので」

この男性がおかしいのだろうか？　ミネアポリスからは四時間半もかかる。「すてきだわ」わたしは握手をしながらいった。「どうやってデューイのことを知ったのですか？」

「《猫》という雑誌で読みました。わが家は猫好きなんです」

たしかに。

「わかりました」他に考えつかなかったのだ。「デューイに会いにいきましょう」

デューイはありがたいことに、いつものように喜んでもらおうとした。子どもたちと遊んだ。写真撮影のポーズをとった。小さな女の子にデューイ・キャリーをみせてやると、彼女は左肩に（必ず左だった）デューイをのせて図書館じゅうを歩き回った。往復九時間のドライブの価値があるかどうかわからなかったが、家族は幸せそうに帰っていった。

「びっくりだわ」ケイは家族が帰るといった。

「本当ね。きっと二度とこういうことはないわよ」

しかし、それはまた起きた。さらに三度目も。何度も。ユタ、ワシントン、ミシシッピ、カリフォルニア、メイン、あらゆる場所からやってきた。年配の夫婦、若い夫婦、家族。多くが大陸を横断してやってきて、スペンサーに寄るために百五十キロ、三百キロを走ってきた。彼らの顔はほとんど覚えているが、名前を覚えているのはニューヨークからきたハリーとリタ・フェインだけだ。というのも、デューイに会ったあと、誕生日とクリスマスのプレゼントとして、食べ物と備品用に二十五ドルを送ってくれたのだ。他の人たちについてもくわしく書ければいいが、最初はもっとそういう人が訪ねてくるとは思えず、記録しておく必要はないと思ったのだ。デューイの魅力に気づいたときには、遠方からの訪問者は当たり前になって、メモをとるほど特別なできごとには思えなくなっていた。

こうした人々はどうやってデューイについて知ったのだろう？　わたしには見当がつかない。図書館はデューイの宣伝をしなかった。《スペンサー・デイリー・レポーター》以外に、新聞社とは一社とも連絡をとらなかった。広告エージェントやマーケティング担当者も雇わなかった。〈ショプコ〉だけで、どんなコンテストにも応募しなかった。わたしたちは単なるデューイの留守番電話サービスだった。電話をとると、新しい雑誌、新しいテレビ番組、新しいラジオ局がインタビューを申し込んできた。あるいは、郵便を開けると、きいたこともない雑誌や、国のほぼ反対側の新聞に掲載されたデューイの記事を発見した。一週間後、別の家族が図書館に現われた。

こうした巡礼者たちは何を期待していたのだろう？　もちろん、すばらしい猫だが、アメリカのありとあらゆる動物保護施設には、すばらしい家なしの猫がすわっている。はるばるきたのはどうしてか？　愛、平和、慰め、人生の単純な喜びを思い出すため？たんにスターと過ごしたいだけ？

それとも、本物の猫、図書館、経験をみいだしたかったのか？　過去に存在したようなものではなく、とりあえず、彼らの生活とは異なるが、どこか懐かしいものを？　アイオワというのはそういう土地なのだろうか？　おそらく心臓部というのは、国の真ん中にあるだけではないのだろう。あなたの胸の真ん中にも存在する場所なのだ。

何を求められても、デューイはそれを与えた。彼についての雑誌の記事やニュースは、人々の心の琴線《きんせん》にふれた。しじゅう、こんなふうに始まる手紙をもらった。「見知らぬ方に手紙をだしたことはないのですが、デューイの物語をきいて……」彼を訪ねてきた人々は一人残らず、うっとりして帰っていった。彼らの言葉や目つき、笑顔で推測しただけではなく、家に帰ってみんなにデューイと会った話をしたことからわかった。彼らはみんなに写真をみせた。当初は友人や親戚に手紙を送った。やがて科学技術が発達すると、メールを送った。デューイの顔、性格、生い立ち、すべてが誇張された。彼は台湾、オランダ、南アメリカ、ノルウェイ、オーストラリアから手紙をもらった。六カ国にペンパルがいた。アイオワ北西部の小さな町からそのうねりは始まり、人間のネットワークが世界じゅうに広めたのだ。

デューイの人気を考えると、いつもジャック・マンダーズのことを思い出す。ジャックは現在引退しているが、デューイがやってきたとき、中学校の教師で図書館理事会の会長だった。数年後、彼の娘がホランド・ミシガンのホープ・カレッジに入学が決まり、ジャックは新入生の両親の歓迎会に出席することになった。ゆっくりとマティーニをすすりながら、洗練されたミシガンのナイトクラブにたっていると、ニューヨークからきた夫婦と話をすることになった。夫婦はジャックにどこからきたのかとたずねた。

「アイオワの小さな町ですよ、おそらくきいたこともないでしょう」

「まあ、スペンサーの近くですか?」

「まさにそのスペンサーなんです」彼は驚いていった。

夫婦はぱっと明るい顔になった。「図書館にいったことがありますか?」

「しょっちゅう。実はわたしは理事の一人でして」

魅力的な上等の服を着た女性は夫に向かって、まるで少女のようにクスクス笑いながら叫んだ。「デューイのパパなのね!」

同じようなことが別の理事会のメンバー、マイク・ベアにも起きた。南太平洋で船旅をしているときだ。初対面の挨拶をしているときに、マイクと妻は大半の乗船客がアイオワについてきいたことすらないのに気づいた。ほぼ同時に、何回船旅をしたことがあるかによって、社交上の序列があることにも気づいた。それは二人にとって初めての船旅だったので、彼らは序列のいちばん下だった。そのとき、ある女性が近づいてきていった。「アイオワからいらしたそうね。デューイをご存じ、図書館猫の？」緊張はすっかりほぐれた。マイクとメグはのけ者のリストからはずれ、デューイは船旅の話題になった。

誰もがデューイを知っているといっているのではない。デューイがどんなに有名で人気者になっても、スペンサー公共図書館に猫がいることをまったく知らない人間はいた。ある家族がネブラスカからデューイに会うために車を走らせてくる。おみやげを持ってきて、彼と二時間遊び、写真を撮り、スタッフとおしゃべりする。彼らが帰って十分後に、ある人が不安そうな顔でデスクに近づいてきてささやく。「驚かせたくないんですけど、建物で猫をみかけましたよ」

「ええ」わたしたちはささやきかえす。「ここに住んでいるんです。世界でいちばん有名な図書館猫なんですよ」

「ああ」その人はにっこりしていう。「じゃあ、もう知っているんですね」

だが、本当に心を動かされた訪問者は、今でもはっきりと覚えているが、テキサスからきた若い両親と六歳の娘だった。彼らが図書館に入ってくるなり、これは彼女にとって特別な旅だったことがわかった。彼女は病気だったのか？　外傷性障害を抱えているのか？　理由はわからなかったが、両親は娘の願いをかなえようとし、これがそうだという気がした。その女の子はデューイに会いたがったのだ。しかも、彼女はプレゼントを持ってきていた。

「おもちゃのネズミなんです」父親が説明した。彼はにこにこしていたが、ひどく不安になっていることが伝わってきた。これはありふれた思いつきの訪問ではなかった。

わたしは彼に微笑み返しながら、たったひとつのことだけを考えていた。「そのおもちゃのネズミに、キャットニップが仕込まれていることを祈るわ」デューイはときどき、キャットニップ入りではないおもちゃに見向きもしなくなる時期があった。不運にも、今はちょうどそういう時期だった。

わたしはただこういった。「デューイを連れてきますね」

デューイは新しいフェイクファーのベッドで眠っていた。ベッドはわたしのオフィスのドアの外にある暖房の前に置かれていた。わたしは彼を起こしながら、テレパシーを送った。「お願い、デューイ、お願い。これはとっても大切なの」彼はとても疲れていて、ろくに目も開けなかった。

たいていの子どものように、女の子は最初、ためらった。そこで母親がまずデューイをなでた。デューイはそこにじゃがいも袋のように横たわっていた。ようやく女の子が手をさしのべてデューイをなでると、デューイはやっと目を覚まして彼女の手に体をすりつけた。父親はすわりこみ、デューイと女の子をひざにのせた。デューイはたちまち女の子にもたれかかった。

彼らはそのまましばらくすわっていた。とうとう女の子は、持ってきたプレゼントをていねいに結ばれたリボンがついたままデューイにみせた。デューイはぱっと顔をあげたが、まだ疲れているのがわかった。午前中ずっと女の子のひざで眠っていたかっただろう。「ほらほら、デューイ」わたしは心のなかでつぶやいた。「目を覚まして」女の子は包みを開いた。案の定、それはただのおもちゃのネズミで、キャットニップは仕込まれていなかった。わたしは心が沈んだ。残念な結果になりそうだった。

女の子は眠そうなデューイの目の前にネズミをぶらさげて、彼の注意をひこうとした。それから、そっとネズミを数メートル先に放った。ネズミが床に落ちたとたん、デューイはそれに飛びついた。彼はおもちゃを追いかけ、宙に放りあげ、前足ではたいた。女の子は喜んでクスクス笑った。デューイはそのおもちゃで二度と遊ばなかったが、女の子がいるあいだは、その小さなネズミを気に入っていた。そのネズミにありったけのエネルギーを注ぎこんだ。そして、女の子は満面に笑みをたたえていた。ただもう笑っていた。彼女は猫に会いに、はるばる何百キロもの道のりをやってきて、失望することはなかった。わたしはどうしてデューイの反応を心配したのだろう？　彼は常に期待に応えてくれるのだ。

デューイの仕事の解説

「それでデューイの仕事は？」という質問に答えて書き記した。デューイがドクター・エスタリーから十五パーセントの図書館の雇用者割引を受けていることを知って、よくたずねられる質問なのだ。

1　彼に関心を示す人間全員のストレスを軽減する。
2　毎朝九時に正面ドアのわきにすわり、図書館に入ってくる人たちに挨拶する。
3　図書館に運びこまれるすべての箱を点検して、安全性と楽しさの度合いを評価する。
4　正式な図書館大使として、ラウンド・ルームでのすべての会議に出席する。

5 スタッフと来館者にユーモアたっぷりの慰めを与える。

6 来館者が勉強していたり、必要な書類をとりだそうとすると、本用の袋やブリーフケースに入る。

7 スペンサー公共図書館のために全国的、世界的な宣伝を無料でおこなう。これには写真撮影のためにじっとすわっていたり、カメラににっこりしたり、いつも愛らしくいることが含まれる。

8 もっとも高くておいしい食べ物以外は口にしないことによって、世界でもっとも食べ物にうるさい猫の地位を獲得しつつある。

何がわたしたちを特別にするか？

　市の元主事のことは決して忘れないだろう。わたしに会うたびに、にこにこしながらこういったものだ。「図書館の女の子たちは、相変わらずあの猫に夢中なのかい？」たぶん彼は冗談をいおうとしたのだろうが、わたしは憤慨《ふんがい》を覚えずにはいられなかった。女の子たち！　その言葉に親しみをこめたつもりかもしれないが、わたしに自分の立場をわきまえさせようとしている気がしてならなかった。彼は地域社会の指導者たちの代弁をしているのだ。彼らにとって本、図書館、猫のようなものは夢中になる価値がないのだ。それが「女の子」という言葉になったのだろう。

　町は猫が必要だったのだろうか？　すでに二十一世紀で、スペンサーは栄えていた。一九九〇年代末には、ＹＭＣＡは二百万ドルかけた改装を終えた。スペンサー地域病院は二倍の大きさになった。十七万ドルの寄付と二百五十人のボランティアのおかげで、イースト・リンチ・パークに予定されていたつつましい新しい運動場は、二千七百平方メートルの広大な運動場になり、「南四番通りの奇跡」と呼ばれた。あと数歩踏みだせば、誘致は簡単だろう……カジノも。

二〇〇三年にいくつかのカジノのライセンスを発行したとき、地域社会の指導者は、スペンサーが一躍、アメリカでもっとも有名な小さな町になる可能性を感じた。開発業者を口説き、町の南西端の川沿いにある土地まで選び、図面をひいた。だが、二〇〇三年当時、多くの住民は、カジノで町に経済力はつくが、高い代償を払うことになるだろうと感じた。たしかに、カジノができればいい仕事が生じて、概算によれば、強制的に年に百万ドル以上が寄付されるが、二度と同じ町ではなくなるのではないか？　アイデンティティを失い、住民自身からみても周囲からみても、カジノの町になるのではないか？　議論は堂々巡りだったが、地域社会は結局、カジノを否決した。カジノはわたしたちの東にあるパロアルト郡では認可されたので、わずか四十キロ先のエメッツバーグに建設された。

もしかしたらカジノを却下したことで、将来にも背を向けたことになったのかもしれない。もしかしたら進歩的な町としての歴史を裏切ってしまったのかもしれない。臆病《おくびょう》なのかもしれない。しかしスペンサーにどういう建物を造るかについて、住民には信念があった。

「クレイ郡フェア」がある。合衆国でもっともすばらしい郡のお祭り《フェア》のひとつで、百年近い歴史があった。クレイ郡には二万人足らずの住民しかいないが、フェアには三十万人以上が九日間にわたる乗馬、コンテスト、食べ物、お楽しみめあてに詰めかける。さまざまなレースやトラクター引きのために大規模な競技場、馬だけの競馬場、鶏からラマまでありとあらゆる動物のための金属製の長い小屋があった。駐車場（草地）から正面ゲートまで人々を運んでいくのは、干し草用荷馬車だ。スペンサーの南十五キロぐらいの幹線道路（数キロ以内で唯一の道路だ）には一年じゅう表示がでて、フェアまでの週をカウントダウンしている。その表示はその一帯でいちばん高い丘にあるレンガ造りの建物に書かれている。

歴史的遺産であるグランド・アヴェニューは、一九三一年に造り直され、一九八七年にまた新しくよみがえった。一九九〇年末に、わが市のプランナー、カービー・シュミットはダウンタウンの商店街を二年かけてリサーチした。カービーは一九八〇年代の危機で、スペンサーを去りそうになった一人だった。彼の兄は東海岸にいき、姉は西海岸にいった。カービーは幼い子どもたちを含む家族といっしょに、そのままがんばることにした。経済が回復した。カービーは市に職を得た。数年後、わたしは彼に図書館の鍵を渡し、彼は毎朝六時にやってきて、マイクロフィッシュのファイル、古い新聞、地元の歴史について調べはじめた。この早朝の訪問のあいだ、デューイはほとんど眠っていた。朝はわたしがこないと目を覚まさなかったのだ。

一九九九年、三番通りと八番通りのあいだのグランド・アヴェニューが史跡として登録された。その一帯はプレイリー・アールデコの驚嘆すべき見本であり、大恐慌時代の都市計画で残っている数少ない包括的モデルであると認定された。登録には二、三度の応募が必要だったが、カービー・シュミットのおかげで、グランド・アヴェニューは最初の応募で満場一致によって認定された。ほぼ同じ時期に、カービーの姉が家族でシアトルからスペンサーに引っ越してきた。彼女は子どもたちを昔風のやり方で育てたかったのだ。アイオワで。

そこがスペンサー独特の価値ある長所だった。わたしたちは善良で、たくましく勤勉な中西部人なのだ。誇り高く、卑屈ではなかった。自慢はしない。隣人の敬意によって自分の価値を測れると信じていて、そうした隣人たちと、アイオワのスペンサー以外に暮らしたい場所はなかった。何世代にもわたって祖先が格闘してきたこの土地だけではなく、お互いがお互いに織りこまれているのだ。そして、その織物のあらゆるところに顔をのぞかせている鮮やかな輝く糸が、デューイだった。

現代の社会では、何か認められることをしなくてはならないと信じられている。しかも、できたら世間の目の前でおこない、カメラに撮られることが望ましい。有名な町というのは、津波や森林火災を生き延びるか、大統領を輩出するか、はたまた恐ろしい犯罪を隠蔽《いんぺい》するかした町だ。有名な猫といえば、燃える建物から子どもを救いだしたり、国の反対側に置き去りにされても帰り道をみつけたり、アメリカ国歌の《星条旗》をニャーニャー歌ったりする。そして、その猫は英雄で才能があるだけではなく、マスコミ受けし、魅力的で、優秀な宣伝エージェントもつく。さもないと、〈トゥデイ・ショー〉に出演はかなわないだろう。

デューイはそういう猫ではなかった。特別な芸はしなかった。誰も彼を世間的に成功させようとしなかった。わたしたちはアイオワ州スペンサーの愛される図書館猫以上のものを、デューイに期待しなかった。それに、デューイもそれしか望んでいなかった。一度、彼は逃げだした。二ブロック先までしかいかなかったが、それですらあまりにも遠かった。

デューイは驚くようなことをするせいで特別だったのではなく、彼自身が驚くべき存在だったから特別だったのだ。彼は一見ごくありふれた人間を連想させた。知り合うまでは、人ごみで目立たない存在。仕事をさぼったり、文句をいったり、分不相応なものを求めたりしない人間。彼らはすばらしいサービスを提供することを信条としている、有能な司書や車のセールスマンやウェイトレスだ。仕事に対して情熱があるので、仕事以上の働きをする人々。彼らは人生でどういうことをなすべきかを知っていて、それをきわめて上手にこなす。賞を獲得する者もいる。大金持ちになる者もいる。あるいは店員。銀行の窓口係。自動車修理工。母親。世のなかは個性的で目立ち、金持ちで利己主義の人間に目を向けがちで、ありふれたことをきわめてちゃんとこなしている人々には気づかないものだ。デューイはつつましい生まれだった（アイオワの路地）。悲劇を生き抜いた（氷点下の返却ボックス）。居場所をみつけた（小さな町の図書館）。たぶん、それが答えなのだろう。居場所をみつけたこと。彼の情熱と目的は、その場所がいかにささやかな場所であろうと、すべての人にとってすばらしい場所に変えたのだ。

ウィネベーゴのキャンピングカーから落ちて、五カ月間、雪だまりと焼けるような暑さのなかを家まで歩き続けた猫については賞賛を惜《お》しまない。その猫はあることを示唆《しさ》している。決してあきらめず、常にわが家の大切さを忘れないこと。目立たない方法で、デューイもその教訓を教えてくれた。返却ボックスに捨てられた長い夜、彼は決してあきらめなかったし、わが家となった図書館に献身的だった。デューイはひとつの大きな英雄的な行為をしたわけではなかった。毎日なにかしら英雄的行為をしていた。ここアイオワ州スペンサーで、一度にひとつのひざで過ごしながら、さまざまな人生を変えていったのだ。

トウモロコシの葉からでている穂のことはご存じだと思う。シルクのヒゲのような穂だ。それぞれが決まった葉の特定の場所に生え、受粉すると、その穂のつけ根がふくらんで実になる。包葉《ほうよう》ひとつにつき、ひとつだけ実がなる。トウモロコシにとっては、すべてのヒゲが受粉することが望ましい。

デューイがしたのはまさにそういうことだった。彼は毎日いくつもの心を魅了した。一度に一人ずつ。誰かをのけ者にしたり、ばかにすることは決してなかった。受け入れられるなら、必ず彼は待っていた。受け入れられない相手のときは、避けようとした。デューイはそういう性格だった。熱意にあふれ、正直で、魅力的で、明るく、謙虚だった（猫にしては）。そしてなによりも、すべての人の友人だった。たんに美しいせいではなかった。そのすばらしい物語のせいでもなかった。デューイにはカリスマ性があったのだ。エルヴィス・プレスリーをはじめ、わたしたちの心に永遠に生き続ける人々のように。合衆国には何十四という図書館猫がいるが、どの猫もデューイほどの成功はおさめなかった。彼は人々にとって、たんにかわいがったり、ほほえましく感じる猫というだけではなかった。図書館に定期的にくるすべての人が、デューイと特別な関係にあると感じていた。デューイは全員に特別だと感じさせたのである。

シャロンはダウン症の娘エミーをデューイに会わせに頻繁に連れてきた。とりわけ彼女がデューイにえさをやる当番の日曜には。エミーは彼女にたずねた。「明日はデューイの日?」エミーが「デューイの日」にまずやることは、デューイを探すことだった。デューイはもっと若い頃はドアのそばで待っていたが、年をとると、たいてい窓辺の日だまりで寝ていた。エミーはデューイを抱きあげ、母親のところに連れてくると、二人でなでた。「ハイ、デューイ。愛してる」エミーは母親がいつも彼女にいっているのとそっくりな、やわらかな、やさしい声で話しかけた。エミーにとって、それは愛のこもった声だった。シャロンは娘がデューイを乱暴になですぎるのではないかと心配していたが、エミーとデューイは友だち同士だったし、誰よりもエミーは彼のことを理解していた。エミーはいつも驚くほどやさしかった。

三十代後半の独身女性、イボンヌ・ベリーは週に三、四度図書館にやってきた。毎回、デューイは彼女をみつけだして、そのひざの上で十五分ほど過ごした。それからイボンヌをなだめすかしてトイレのドアを開けさせ、水遊びをするのだった。それが二人の儀式だった。だが、イボンヌが飼い猫を永遠に眠らせた日は、二時間以上、彼女のそばにすわっていた。だが、デューイは何が起きたのか知らなかったが、どこかおかしいとわかったのだ。何年ものち、イボンヌはその話をわたしにしてくれたので、いまだにそれが彼女にとって大切な思い出であることがわかった。

世紀が変わり、デューイは円熟していった。猫用ベッドで過ごす時間が長くなり、精力的な遊びは影をひそめ、ジョイといっしょに静かに本用カートに乗るようになった。カートに飛びあがるかわりに、鳴いてジョイに抱きあげてもらい、船の船長のようにカートの先頭にすわった。おそらくあきたからだろうが、天井の照明に飛びつくこともなくなった。手荒に扱われることは許さず、やさしくふれられることを好んだ。あるホームレスの男はそっとなでたので、デューイの親友の一人になった。スペンサーのような町で目立たないでいることはむずかしいが、この男はほぼ無視されていた。毎日、ヒゲもそらず、髪もとかさず、風呂にも入らずに図書館に現われた。誰ともひとことも口をきかなかった。誰のこともみなかった。ただデューイにだけ近づいていった。彼はデューイを抱きあげ、肩にのせた。デューイは男が秘密を語るあいだ、二十分間も喉をゴロゴロ鳴らしながら肩にのっていた。

デューイが書棚のてっぺんに登ることをあきらめたとき、ケイは古い猫用ベッドを持ってきて、デスクのキャビネットのいちばん上にすえた。デューイはそのベッドにもぐり、ケイが仕事をするのをながめた。ケイはデューイが求めているものにすぐ気づき、食べ物をとりかえ、もつれた毛をブラッシングし、毛玉を排出しやすくするためにワセリンを与え、わたしがデューイを入浴させる手伝いをしてくれた。ケイはわたしほど忍耐強くないし、やさしくはなかったが、しまいには心がとろけ、そっとデューイの頭をなでるようになった。ケイがベッドをすえつけてからまもないある日、デューイがベッドに飛びのると、棚がくずれた。デューイは足をばたつかせながら、片方に飛んだ。ノートとクリップが反対側に散らばった。だが最後のクリップが床に落ちる前に、デューイは戻ってきて被害を観察した。

「この図書館ではあまりおびえたりしないのね？」ケイがふざけた。口元に浮かんだ笑みは、彼女の心からのものだということがみてとれた。

「ブラッシングとお風呂だけだよ」デューイは正直になれば、そういっただろう。年をとればとるほど、デューイはそのふたつを嫌がるようになった。

入学前の子どもたちにも、デューイはあまり辛抱強くなかった。彼らはデューイをつついたり、ひっぱったりしたからだ。彼は体をこわばらせ、小さな手でたたかれたり、つねられたりすることに我慢できなかった。子どもたちをひっかいたりすることはなかったし、めったに逃げだすこともなかった。ただあとずさりして、子どもたちが探しにきたときには、そういう羽目にならないように隠れていた。

赤ん坊にたいしてはまたちがった。ある日、デューイが、床に置かれたベビーカーにいる小さな女の子から、ほんの一メートルほどのところにすわっているのをみかけた。デューイが赤ん坊と仲良くなるのはよく知っていたので、わたしは気にしなかった。だが赤ん坊は繊細だし、新米の母親はさらにそうだった。デューイはただ退屈そうな顔つきで宙をみつめてすわっていた。あたかも、たまたまとおりかかったんだ、といいたげに。そして、わたしがみていないと思ったので、ほんの少しにじりよった。「ちょっと位置を変えただけだよ、別にみるようなものはここにないよ」彼のボディランゲージはそういっていた。一分後、また同じことをした。さらにもう一度。ゆっくりと、ほんの少しずつ、にじりよっていき、とうとうベビーカーにぴったりくっついた。赤ん坊が中にいるのを確認するかのようにのぞくと、前足に頭をのせてくつろいだ。赤ん坊は小さな手を端から伸ばして、彼の耳をひっぱった。デューイは彼女がもっとつかめるように頭の位置をずらした。彼女は笑い、足をばたつかせて、デューイの耳をぎゅっと握った。デューイは満足そうな顔つきでじっとすわっていた。

二〇〇二年に子ども図書室に新しいアシスタント、ドナ・スタンフォードを雇った。ドナは平和部隊のボランティアとして世界じゅうを回り、最近母親の世話をするためにアイオワの北西部に帰ってきたのだった。母親はアルツハイマー病だった。ドナは物静かで真面目だった。最初のうち、デューイが子ども図書室で、彼女と毎日何時間もいっしょに過ごしているのはそのせいだと思っていた。かなりたってから、ドナには母親以外に町に知り合いが一人もいないことを知った。スペンサーのような場所ですら――いや、たぶんスペンサーのように密接なつながりのある土地だからこそ――よそ者にとっては冷たく威圧的に感じられただろう。ドナに手をさしのべた地元の住人は、デューイだけだった。彼はドナが棚に本を並べるためにオフィスチェアで移動するあいだ、彼女の肩にのっていた。それに飽きると、彼女のひざによじのぼったので、ドナはデューイをなでることができた。ときどきドナは子どもの本を彼に読んでやった。ある日、二人でいるところにでくわした。デューイは目を閉じてひざに寝そべり、ドナは深い物思いに沈んでいた。彼女がぎくりとしたのがわかった。

「心配しないで」わたしはいった。「デューイを抱くのはあなたの仕事の一部よ」

それからジョディのボーイフレンド、スコットがいた。気の毒なスコットは、初めてスペンサーにやってきて、大変な目にあった。わたしの両親の結婚五十周年だったのだ。しかも、これはたんなる家族のパーティーではなかった。その催しは四百五十人を収容できるスペンサー会議センターで開かれたのだ。会議センターですら、お客を収容しきれなかった。ジプソン家の子どもたちがステージで演奏していたとき――今回は家族独自の歌詞の《ユー・アー・マイ・サンシャイン》と、兄のダグが単調な調子っぱずれの震え声で歌うヴィンス・ギルの《ルック・アット・アス》——百人以上の人々が外に並び、両親にお祝いをいおうと待ちかまえていた。二人は世間の人々を家族と同じように扱ってきたのだ。

ジョディが家をでたとたん、彼女とわたしの関係は劇的に改善された。わたしたちはすばらしい友人同士だったが、同居人としては最悪だったのだ。だが現在について笑いあっているときは、過去を話題にしなかった。おそらく母と娘は決してそういうことをしないのだろう。だからといって、努力してみなかったわけではない。

「大変な時期があったわね、ジョディ」

「何の話をしているの、ママ？」

どこから始めるべきなのだろう？　わたしの病気。わたしが留守がちだったこと。ジョディの散らかった部屋。ブランディ。「マンカトで。覚えてる？　お店の前をとおりかかると、あなたはこういったのよ。『どうしてもあのシャツがほしいの、ママ。だけどお金がないことはわかってる。だから気にしないで』あなたはほしかったんじゃなくて、必要だった。だけど、わたしに気をつかわせたくなかったのね」わたしはため息をついた。「まだほんの五歳だったのに」

「まあ、ママ、それも人生よ」

そのとき、わたしは娘が正しいことに気づいた。いいこと、悪いこと、ただの人生だ。ただ進んでいこう。過去について悩んでもしょうがない。問題は、誰と明日、その人生をわかちあうかだった。

その夜、パーティーのあと、ジョディとわたしはスコットを図書館に連れていってデューイに会わせた。そのとき、二人の関係が真剣だと悟った。ジョディはこれまでボーイフレンドの誰にも、デューイを紹介したことがなかった。わたしの知る限り、彼女のボーイフレンドの誰も、デューイに会うことに興味がなかった。もちろんデューイはジョディに会って、大喜びした。ジョディは永遠に彼の恋人だった。スコットは二人だけの時間を与え、それからやさしくデューイを抱きあげると、なでた。デューイが嫌がるのでおなかではなく、背中を。デューイ・キャリーをしながら、誰もいない図書館を歩き回った。カメラをとりだし、母親のために写真を撮った。彼の母親はデューイのことをきいていて、大ファンだったのだ。スコットとデューイがいっしょにいるところをみて、わたしは心が温かくなった。スコットは愛情深くやさしかった。それに、母親のために写真を撮るほど思いやりのある男性に、好感をいだかないわけにいかなかった。

大人になった女性がボーイフレンドを図書館に連れてきて、彼女の母親の猫に会わせるのが珍しいことだとは、ちらりとも思わなかった。デューイは家族の一員だったからだ。デューイの意見は重要だった。彼を知らずに、本気でわが家の一員になることなど考えられないだろう。それに、わたしはデューイがろくでなしを嗅ぎわけられると信じていた。彼はわたしの番兵で、愛している人たちをずっと守ってきてくれた。スコットのデューイに対する態度、デューイのスコットに対する態度をみて、わたしは知りたいことをすべて知った。

このとき、デューイが図書館猫だということはまったく頭をよぎらなかった。デューイはわたしの猫だった。彼が愛を求める人間はわたしだった。彼が慰めを求める人間はわたしだった。そして、わたしも彼に愛と慰めを求めた。ただしデューイは代理の夫でも子どもでもなかった。わたしは孤独ではなかった。たくさんの友人がいた。満たされていないわけではなかった。仕事を愛していた。デューイに毎日会うことすらなく、別別に暮らしていた。一日じゅう図書館で過ごしていても、ほとんど顔をあわせなかった。しかし、デューイに会わなくても、彼がいることはわかっていた。わたしたちは明日だけではなく、永遠に人生をともにすることを選んだのだ。

デューイはこれまでに飼ったどんな動物よりも、わたしにとって特別だった。動物がこれほど特別になれることが信じられなかったほど、特別な存在だった。だが、それは基本的な真実を変えなかった。わたしの猫だったが、図書館に所属していた。彼の居場所は公共の場だった。デューイは一日、二日はわたしの家で楽しく過ごせたが、車に乗りこみ図書館に向かうやいなや、前足をダッシュボードにかけて興奮してフロントガラスの外をながめた。わたしはゆっくりと曲がらなくてはならなかった。さもないと彼がころげおちてしまうからだ。デューイは〈シスターズ・カフェ〉の匂いを嗅ぎつけると、あと数ブロックだとわかった。そうなると、本当に興奮しはじめた。アームレストに移動して、前足をサイドウィンドウにかけ、ドアが開くのをじりじりしながら待った。

「着いたよ！　着いたよ！」路地に入ると肩越しに振り返り、まさにわたしにそう叫んだ。ドアが開くなり、彼はわたしの腕に飛びこみ、わたしは彼を図書館に運んでいく。

そこは……楽園だ。

デューイはわが家にいることをこのうえなく愛した。

デューイ、日本にいく

二〇〇三年の初め、日本からメールが届いた。日本のNHKがデューイを撮影したいといってきたのだ。NHKでは高画質の技術を紹介するためにドキュメンタリーを制作していて、できるだけ広い視聴者を求めていた。まず最初に動物についてのドキュメンタリーを作ることに決定し、それから猫に焦点を合わせることにした。彼らは日本で刊行されている本をとおしてデューイのことを知ったのだ。テレビクルーが一日スペンサーにやってきても、ありえないことではなかった。

おかしなことに、わたしたちはデューイが日本の書籍に登場したことをまったく知らなかった。

数カ月後の五月、東京から四人の人々がスペンサー公共図書館にやってきた。彼らはデモインに飛んできて、ヴァンを借り、スペンサーまで運転してきた。アイオワの五月は美しい。トウモロコシは目よりもちょっと下の高さ、一・二メートルぐらいなので、遠くまで畑が広がっているのが見渡せる。もちろん、デモインからスペンサーまでは三百二十キロで、どこまで走っても、それしかみえない。アイオワのトウモロコシを三時間半ながめたあとで、東京からきた人々は何を思っただろう？　おそらくその道を走った東京の人間は彼らだけだったので、たずねてみなくてはならないだろう。

クルーは撮影に一日とってあったので、図書館に七時前にきてほしいとわたしにいった。残念にも雨の朝だった。クルーのなかで唯一の女性の通訳は、ロビーにカメラを設置できるようにいちばん外側のドアを開けてほしいといった。彼らが機材を運びこんでいるあいだに、デューイが姿を現わした。彼はまだ半分寝ていて、猫がまず起きたときにやるように後ろ足をぐうっと伸ばした。わたしをみつけると駆け寄ってきて、前足を振った。「ああ、あなたなの。こんなに早く何をしているの？　あと二十分はこないと思ってたよ」デューイの行動で時計をあわせられるほどだった。

クルーがカメラを設置してしまうと、通訳がいった。「もう一度彼に前足を振ってもらいたいんですが」

ああ、みなさん。わたしはデューイが一度しか前足を振らないこと、それも朝いちばんにわたしをみたときだけだ、ということをできるだけ説明した。ディレクターは納得していないようだった。

そこで、わたしは車に戻り、その朝、初めてやってきたふりをして、もう一度図書館に近づいていった。デューイはただじっとわたしをみつめているだけだった。

「どうしたの？　五分前にきたばかりじゃない」

わたしは図書館に入り、照明をつけ、また消して、車に戻り、五分待った。それからまた図書館に近づいていった。ディレクターは、これで翌日になったとデューイが思うだろうと考えたようだ。

うまくいかなかった。

デューイが前足を振るところを撮影するために約三〇分かけた。とうとう、わたしはいった。「ねえ、気の毒な猫はずっとあそこにすわって、食事を待っているんです。えさをあげなくちゃなりません」ディレクターは承知した。わたしはデューイを抱きあげて、トイレに走っていった。飛んでいくうんちは、日本人たちに絶対に撮影してもらいたくなかった。デューイは用を足し、のんびりと朝食をとった。食べ終わったときには、カメラクルーは館内に入っていた。彼らは地球を半周してきたのに、前足を振る場面はとうとう撮影できなかった。

だが、他のものはすべて撮った。デューイはもうすぐ十六歳だったので、動作はゆっくりになっていたが、見知らぬ人間に対する情熱は失っていなかった。とりわけカメラを持った見知らぬ人間に対しては。クルーの全員に近づいていって、脚に体をこすりつけて挨拶した。彼らはデューイをなで、いっしょに遊んだ。一人のカメラマンはデューイの目線になるために床に寝そべった。通訳はデューイを書棚にのせてほしい、とていねいに頼んだ。彼はそこにすわり、撮影させた。書棚から書棚へジャンプした。すると通訳はいった。「本のあいだを縫うように書棚を歩き、端から飛びおりさせてくれませんか」

わたしは思った。「ちょっと待って。デューイは猫で、サーカスの訓練された動物じゃない。それは特殊な要求だわ。ショーを期待してはるばるやってきたんじゃないといいけれど。あの書棚を歩き、陳列された本をかいくぐり、命令で飛びおりるなんて不可能よ」

わたしは書棚の端に歩いていき、呼びかけた。「こっちにいらっしゃい、デューイ。こっちよ」デューイは書棚を歩いてきて、本をかいくぐり、わたしの足もとに飛びおりた。

五時間のあいだディレクターは指示を出し、デューイはその通りにした。パソコンの上にすわった。テーブルにすわった。足を組んで床にすわり、カメラをみつめた。金属製の格子のあいだから脚をだらんとぶらさげ、すっかりリラックスして、お気に入りの本のカートに乗った。ぐずぐずしている暇はなかった。動いて、動いて、動いて。三歳の女の子とお母さんが出演を承知したので、わたしは二人といっしょにデューイをぶらんこ椅子にすわらせた。女の子は怖がって、デューイにつかみかかり、ひっぱった。デューイは気にしなかった。デューイは丸々五分の撮影のあいだすわり続け、ずっとおだやかにカメラに視線を向けていた。

午前中、合衆国のいたるところからデューイに会いにくる人々がいると通訳に話していた。だが、ディレクターはあまり信じていないようにみえた。そのとき、昼食後すぐに、ニューハンプシャーの家族がはいってきた。絶好のタイミング！　家族はデモインで結婚式があったので、車を借りてデューイに会いにくることにしたのだ。三時間半のドライブだということは覚えていらっしゃるだろうか？

ディレクターは来館者を撮影した。さかんに話をきいた。彼らがデューイをビデオで（たぶん日本製だ）撮影しているところをカメラにおさめた。五、六歳の女の子にデューイ・キャリーと、デューイが頭を彼女の背中にたらして目を閉じるまで、そっと前後に揺するやり方を教えた。家族は一時間滞在した。そのあとまもなく日本人クルーは引き揚げた。彼らが帰るやいなやデューイは眠りこみ、その日の残りはずっと眠っていた。

二枚のDVDが届けられた。デューイがきてからすでに十六年たっていたので、あまり大げさにしたくなかったが、これは特別なことに思えた。わたしは新聞社に電話した。角の電気店は大画面テレビを貸してくれ、図書館は満員になった。その頃には、デューイはすでに、カナダとニュージーランドのラジオに出演していたし、いくつもの国の新聞や雑誌に登場していた。写真は世界の各地で目にすることができた。だが、これはちがった。これは世界じゅうに放映されるテレビ番組なのだ！

わたしはビデオをこっそりみておいたので、ちょっと不安だった。ドキュメンタリーは世界じゅうの猫をタイトルのアルファベット順に訪ねるものだった。

わたしは観客に説明した。「このドキュメンタリーには、他にたくさんの猫たちが登場します。デューイは最後のほうに登場し、それ以外は日本で撮影されています。では、決をとりましょう。デューイの部分まで早送りしますか、それとも最初からみますか？」

「最初からみます！　最初から！」

十分後、観客は叫んでいた。「早送り！　早送り！」猫がジャンプする映像と日本語でのインタビューは非常に退屈だったといっておこう。特別に愛らしい猫のときは停止し、アメリカ人が画面に登場すると停止した——その理由で二度停止したが、一人の女性はイギリス人だと判明した――だが、ほとんどは日本人とそのペットだった。Wに到達すると、部屋に叫び声があがった。明らかに眠気がふっとんだのだ。そこにはわたしたちのデューイがいた。英語と日本語で「働く猫（Working Cat）」というキャプションがつけられて。雨のなか、わたしは図書館に歩いていき、ナレーターは日本語で何かいった。三語しか理解できなかった。「アメリカ、アイオワ州、スペンサー」また大歓声。

数秒後にきこえた。「デューイ・リードモア・ブックス」

そしてデューイが登場した。正面ドアのそばにすわっている（たしかに、前足を振っていればすてきだっただろう）。続いて書棚にすわるデューイ、ふたつの書棚を歩いていくデューイ、すわっている、すわっている、すわっている、そしてテーブルの下で小さな男の子になでてもらっている……すわっている。四分間。

沈黙。茫然とした沈黙。

それから、大きな歓声がはじけた。わたしたちのデューイは国際的なスターだった。これが証拠だった。だからナレーターがいっていることがまったくわからなくても問題ではなかった。デューイに割り当てられた映像がコマーシャル程度の長さしかなくても、問題ではなかった。わたしたちの図書館が登場した。司書たちが登場した。わたしたちのデューイが登場した。そしてナレーターは最後にこういった。「アメリカ、アイオワ州、スペンサー」

その日本のドキュメンタリーをスペンサーの町は決して忘れないだろう。おそらく、その中身も。図書館には貸し出しできるビデオが二本あったが、誰も二度とみなかった。ドキュメンタリー映画《本に囲まれた猫ちゃん》のほうがずっと人気があった。だが、東京からスペンサーにテレビクルーがやってきたという事実、それは決して忘れられることがないだろう。地元のラジオ局と新聞はどちらも長い特集を組んだ。そして何カ月も図書館にやってきた人々は、それについて話題にした。

「クルーはどんなふうだったの？」

「何をしたの？」

「町にいるあいだにどこにいったの？」

「他に何を撮影したの？」

「信じられる？」

「信じられる？」

「信じられる？」

日本のテレビはデューイを頂点に押しあげた。今でも、地元の人間がデューイを話題にすると、決まって「それにあの日本人がここにきたでしょ、スペンサーに。デューイを撮影するためだけに」という会話になった。それ以上、いうべきことはない。

　あのドキュメンタリーを記憶しているのはスペンサーの住民だけではない。番組が放送されたあと、日本から手紙が何通かきたし、デューイの絵葉書を作りたいという要請が四十件もきた。図書館のウェブサイトでは訪問者の国籍を記録している。二〇〇四年の夏以降、毎月、日本は合衆国——三年間で十五万人以上が訪れた——の次に訪問者が多い国だ。たぶん、彼らは本を調べているのではないと思う。

　だが二〇〇三年の夏は、少なくともわたしにとって、日本人の訪問だけが特別なできごとではなかった。その前年、スコットがわたしの両親の家で、クリスマスイブにジョディにプロポーズした。ジョディは結婚式のときの花と飾りつけを、わたしに担当してほしいといった。どちらもわたしの趣味だったからだ。

　だが、あることがひっかかっていた。わたしの妹のヴァルはジョディの花嫁付添人で、二人はドレスについて相談していた。わたしは自分自身の結婚式でウェディングドレスを選ぶチャンスがなかった。ハートリーの女の子が直前で結婚式をキャンセルしたので、母は彼女のドレスをわたしのために買いとったのだ。わたしは何よりも、ジョディがウエディングドレスを選ぶ手伝いをしたかった。そのドレスを特別なものにしたかった。

ドレス選びにわたしも参加したかったのだ。わたしはジョディに電話してこういった。「ずっと前から、あなたがドレスを選ぶのを手伝いたいと夢みていたの。ヴァルには娘が二人いるでしょ。いずれそのチャンスがあるわ」

「喜んで、ママといっしょに選ぶわ」

心臓が喉から飛びだしそうになった。ジョディの声の震えから、彼女も同じように感じているのがわかった。二人とも愚かなほど感傷的なのだ。

だがわたしは実際的でもあった。「あなたがいくつか選んでおいて」わたしはいった。「好きなドレスを六着ぐらいにしぼったら、そっちにいって最終的に決める手伝いをするわ」ジョディは服を決めるのが苦手だった。彼女はほとんどの服を買ったときの箱に入れたままにした。たいてい返品したくなったからだ。ジョディはネブラスカのオマハに住んでいて、車だと三時間以上かかった。これから半年間、毎週末ごとにそんなに時間のかかるドライブをしたくなかった。

ジョディは友人たちとドレスをみてまわった。数週間後、わたしは最終決定のためにオマハにいった。だが決められなかった。そのとき、彼女が一度も試着していなかったドレスが目にとまった。彼女がそのドレスを着たとたん、それこそ探していたドレスだということがわかった。ジョディとわたしは試着室にいっしょにたち、泣いた。

数カ月後にいっしょに買い物にいき、彼女はわたしのために美しいドレスを選んでくれた。それからジョディが電話してきていった。「さっきおばあちゃんのドレスを買ったわ」

「それはおもしろいわね」わたしは彼女にいった。「図書館の仕事でデモインにいったので、わたしもおばあちゃんにドレスを買ったのよ」そのあとで二人で会って、母のために同じドレスを同じ日の同じ時刻に買っていたことがわかった。その一致に笑いあった。

結婚式は七月にアイオワのミルフォードのセントジョセフ大聖堂でおこなわれた。ジョディはオマハで結婚式の計画をたてた。わたしは足を使ってする仕事を引き受けた。マンカト時代の古くからの友人たち、トルーディ、バーブ、フェイス、アイデルが結婚式の数日前にやってきて、準備を手伝ってくれた。ジョディもわたしも完璧主義者だった。花一本でもおろそかにしたくなかった。わたしたちが両親のガレージを受付所として飾りつけたとき、トルーディとバーブは神経衰弱を起こしかけた。だが、二人はすばらしい手腕を発揮してくれた。飾り終えたときは、ガレージとは似ても似つかなくなっていた。翌日、教会を飾りつけして、前日のディナーのためにレストランも飾った。

結婚式には三十七人が列席した。家族と親しい友人だけだった。わたしの友人たちは式には参列しなかった。奥の部屋で蝶《ちょう》を暖めていたのだ。蝶は動きを停止させるために、氷の上で保管されることになっていた。それから暖め、飛ぶ予定の十五分前に「目覚め」させる予定だった。フェイスは「BBBBB」と名乗っていた——美しい《Beautiful》・大《Big》・まぬけな《Boobed》・蝶《Butterfly》の・ベビーシッター《Babysitter》。しかし彼女は自分の仕事にとても真剣にとりくんでいた。蝶のことがとても心配で、結婚式の前夜は一時間離れたミネソタ州ワージントンのトルーディの家に連れていって、ベッドのかたわらに置いて眠ったほどだ。

お客たちが結婚式場からでてくると、スコットの両親が全員に封筒をくばった。弟のマイクは花嫁の隣にたっていたが、すぐにそれをぎゅっと握りつぶした。ジョディがぐっとにらんだ。

「え？」マイクはいった。「生きているの？」

「ええ、生きていたわ」

わたしは声を持たない蝶の伝説を読みあげた。はなされると、天国に飛んでいき、神にわたしたちの願いをささやくのだ。

みんなが封筒を開くと、さまざまな色と大きさの蝶が、神の下《もと》へと美しく晴れた青空に飛んでいった。ほとんどは風に乗ってみえなくなった。三匹はジョディのドレスに舞い戻ってきた。一匹は一時間以上も彼女のブーケにとまっていた。

結婚式の写真撮影がすむと、お客たちはバスに乗りこんだ。友人たちが片づけをしているあいだ、みんなでウェスト・オコボジ湖にいき、このあたりでは有名な観光船、クイーン二世号で湖のツアーをした。そのあとジョディとスコットはアーノルド・パークの大観覧車に乗った。何十年も前、わたしの両親が〈ルーフガーデン〉で、トミー・ドーシーの演奏をききながら恋に落ちた夜に輝いていた観覧車だ。全員が見守るなかで、大観覧車は指輪持ちとフラワーガールといっしょにジョディとスコットを高く、高く、晴れた青い空へと運び去った。まるで蝶が封筒から飛びだし、空に吸いこまれていくように。

ハネムーンのあとでジョディからきた手紙は、ごく短いものだった。「ありがとう、ママ。完璧な結婚式だったわ」わずかこれだけの言葉で、わたしはこのうえなく幸せな気持ちになった。

人生がこんなに簡単だったら。デューイ、ジョディ、ジプソン家の人々が二〇〇三年の夏に永遠にとどまることができたら。だが、大観覧車があがっていくときですら、デューイが日本でスターになったときですら、その光景にはかすかな染みがあったのだ。わずか数カ月前に、母は白血病を宣告されていた。母はこれまで数々の病気をわずらってきて、白血病は母の息の根をとめようとする最新の病気だった。運命のように、癌《がん》は一家に遺伝するらしい。不運にも、癌はジプソン家の家系に深く根をおろしていたのだ。

母の思い出

一九七六年に、弟のスティーヴンは非ホジキンリンパ腫のステージⅣだと診断された。つまり癌の非常に進んだ段階だった。医者は余命二カ月と告げた。弟は十九歳だった。スティーヴンはみたこともないほど威厳を持って自分の癌に向き合った。癌と闘ったが、死にものぐるいにではなかった。自分の人生もまっとうした。自尊心を最後まで失わなかった。だが癌は胸にできていて完治はできなかった。いったん腫瘍がなくなっても、また再発した。治療は苦痛をともない、さらにスティーヴンは腎臓をやられてしまった。マイクはスティーヴンの兄であり親友だったが、片方の腎臓を提供しようと申し出た。しかしスティーヴンはいった。「気にしないで。そっちもダメにしてしまうだけだ」

わたしが離婚、健康問題、大学で苦労しているときに、スティーヴンは癌と闘っていた。一九七九年には、ステージⅣの非ホジキンリンパ腫の人間として、アイオワではもっとも長く生き延びていた。さんざん化学療法をおこなったので、最後にはひどい貧血状態になっていた。化学療法にはもはや希望をたくせなくなると、スティーヴンはヒューストンの治験治療センターに登録した。一月に治療を開始する予定だったので、その旅の前に、彼は盛大なしたい放題のジプソン家のクリスマスを望んだ。スティーヴンは、父がクリスマスイヴに作るクラムチャウダーを飲みたがった。わたしには好物のキャラメルポップコーンを作ってくれといった。毛布をかけてすわり、わたしたちがジプソン・ファミリー・バンドで手作りの楽器を演奏するのを笑顔で鑑賞した。クリスマスイヴは氷点下十八度の寒さだった。スティーヴンはたっていることすらできず、とても弱っていたが、みんなで真夜中のミサにどうしてもいきたいといいはった。両親の家で過ごす最後の晩の午前二時に、お別れをいうためにマーリーン伯母さんの家まで車で連れていってくれと、わたしに頼んだ。そのあと、いっしょに夜更かしして《ブライアンズ・ソング》をみようといいだした。癌になったフットボール選手の映画だ。

「やめておくわ、スティーヴィー、もうみたもの」

だが彼がどうしてもというので、わたしは起きていることにした。最初の五分で彼は眠りこんでしまった。

一週間後の一月六日、スティーヴンは朝の五時に妻を起こし、階段をおりてソファにいくのに手を貸してくれといった。数時間後、妻が階下にいったときには、もはや彼を起こすことはできなかった。のちに、スティーヴンはヒューストンの治験治療センターに登録していなかったことがわかった。感謝祭の前日、医者たちはもはや、治療の選択肢が残されていないことを彼に告げたのだった。彼はそれを誰にもいわなかった。自分が死ぬ前の最後のジプソン家のクリスマスに、涙と憐れみを持ちこみたくなかったからだ。

両親にとってスティーヴンの死は衝撃だった。死は二人の人間を引き裂くこともあるが、その死は両親をひとつにした。二人はいっしょに泣いた。語り合った。互いに支えあった。父は母の宗教であるカトリックに改宗して、大人になって初めて定期的に教会にかようようになった。

そして猫を飼った。

スティーヴンの死の三週間後、父は母にブルーペルシャを買ってきて、マックスと名づけた。二人にとってそれはとてもつらい、つらくてたまらない日々だったが、マックスは個性豊かな、だが気性のおだやかなすばらしい猫だった。いつもバスルームの洗面台で眠った。母のかたわらにくっつくことをのぞいたら、家じゅうでそこがいちばん好きな場所だった。猫が夫婦を変えることがあるなら、マックスはまさにそうだった。両親の気分をひきたててくれた。二人を笑わせてくれた。空虚に感じられる部屋で二人の相手をしてくれた。子どもたちは彼の性格ゆえにマックスを愛していたが、それ以上に、父と母の面倒をみてくれたことで感謝していた。

わたしの親友であり、刺激を与えてくれる存在である兄のデイヴィッドも、スティーヴンの死に深い痛手を受けた。デイヴィッドは卒業の六週間前に大学をやめ、いくつかの紆余《うよ》曲折《きょくせつ》をへて、スペンサーから東に百六十キロほど離れたアイオワ州メイソンシティに落ち着いた。だがデイヴィッドのことを思うと、いつもミネソタのマンカトが思い出される。わたしたちはマンカトでとても仲がよかった。いっしょにすばらしいときを過ごした、本当にすばらしいときを。だがある晩、兄は大学を中退して引っ越す直前だったが、午前一時にわたしの部屋を訪ねてきた。零下十度の寒さだったのに、十六キロも歩いてきたのだった。

兄はいった。「おれはどこかおかしいんだ、ヴィッキー。頭のなかが。神経衰弱になりかけているんじゃないかと思う。だけど、父さんと母さんにはいうなよ。絶対、二人にはいわないって約束してくれ」

わたしは十九歳で若くて愚かだった。わたしは約束した。その夜のことは誰にもいわなかった。しかし、今なら若い男性が、とりわけ聡明《そうめい》で才能のある二十代前半の男性がしばしば精神疾患にかかることを知っている。デイヴィッドは病気だった。スティーヴンと同じぐらい病気だったが、はたからはそれほどはっきりわからなかった。治療せずに放置され、病気のせいでどんどん転落していった。数年しないうちに、兄は別人になった。仕事が長続きしなかった。わたしといっしょでも、笑うことができなかった。憂《ゆう》鬱《うつ》を晴らすために、おもに鎮静剤などのドラッグをやるようになった。結婚していないのに一児の父親になった。数ヵ月ごとにわたしに電話してきて、何時間もしゃべったが、月日がたつにつれて兄からの連絡はどんどん減っていった。

スティーヴンが一九八〇年の一月に亡くなったとき、デイヴィッドはドラッグに頼った。それなしでは生きられないといった。当時、娘のマッケンジーは四つで、デイヴィッドがドラッグをやめるまで、彼女の母親は彼に娘と連絡をとらせまいとした。スティーヴンが亡くなって八ヵ月後、デイヴィッドは真夜中に電話してきて娘を失ったといった。

「マッケンジーは失ってないわよ」わたしはいった。「ドラッグをやめれば、あの子を訪ねることができるのよ。ドラッグをやっていれば、それができない。とても単純なことじゃないの」

兄にはそれがわからなかった。その夜、ありとあらゆる話をしたが、わたしが提案したことはひとつも受け入れられなかった。デイヴィッドの正面には窓のない壁がたっていたのだ。彼にはその向こうはまったくみえなかった。わたしはとても怖くなったが、兄は次に話をするまでおとなしくしていると約束してくれた。娘を愛しているから、置き去りにするようなことは絶対しない、とデイヴィッドは断言した。だが、その夜遅くか、翌朝早くか、子ども時代からの友人である兄のデイヴィッドはショットガンを手にして、引き金を引いた。

友人のトルーディが朝の二時にハートリーまでわたしを連れていってくれた。わたしは息もろくにできなかった。車の運転などとうてい無理だった。両親も似たようなものだった。家族の誰もスティーヴンの死からまもないのに、デイヴィッドの死に向き合いたくなかった。しかし、好むと好まざるとにかかわらず、それは厳然たる事実だった。葬儀の数日後、デイヴィッドの家主が両親に電話をかけて、うるさくいってくるようになった。家主はまた部屋を貸せるように、デイヴィッドの持ち物をとりにきて掃除しろとわめいた。デイヴィッドが住んでいたのはちゃんとした地区ではなく、親切な人たちと交際していたわけではないことを改めて思い知らされた。

わたしたちは二台の車でメイソンシティに向かった。父、兄弟のマイクとダグ、デイヴィッドの旧友二人が先頭の車に乗った。母、ヴァル、わたしはトラックで続いた。到着すると、男性たちが縁石にたっていた。

「おまえたちは中にはいる必要はないよ」父がいった。「ここで待っていてくれ。おれたちがすべて運びだすから」

父がドアを開けて初めて、デイヴィッドの死後、誰も部屋を片づけていなかったことを知った。デイヴィッドの死の痕跡がそこらじゅうに残っていた。持ち物を外に運びだしてトラックに積みこむ前に、父、マイク、ダグはすべてをふいてきれいにしなくてはならなかった。今でもその染みが目に浮かぶ。デイヴィッドの持ち物はごくわずかだったが、運ぶには一日がかりだった。父もマイクもダグもひとこともしゃべらず、それ以降、その日のことを決して口にしなかった。この本を書いていることを父にいうと、デイヴィッドについては言及しないでくれといった。恥や秘密のせいではなかった。父の目には涙が浮かんでいた。これだけ時間がたっても、父にとっては話題にできないほど苦痛だったのだ。だが、話さなくてはならない。

デイヴィッドの死から二週間後、マックスを去勢することになった。獣医はマックスに麻酔を打ち、それが効くまで十分間放置した。運悪く、獣医は彼のケージから水入れをどかしておかなかった。水入れには二センチぐらいしか水がはいっていなかったが、マックスは倒れこみ、おぼれた。

獣医が家にきたとき、わたしはたまたまその場にいた。彼はうちの家族を知っていた。両親がどんなつらい体験をしたかを知っていた。そして、彼は二人の猫を殺してしまったことを伝えねばならなかった。わたしたち全員が言葉を失って、三十秒ほど彼をみつめた。「おれはあの猫を心から愛していた」とうとう父がいった。落ち着き払って、だが、きっぱりと。「このろくでなし」それから背を向けて、二階にあがっていった。獣医と話をすることはおろか、顔をみることにも耐えられなかったのだ。父はいまだに怒りを爆発させたことを悔《く》やんでいるが、マックスの死はあまりにも大きな打撃だった。耐えられる以上の打撃だった。

母が二〇〇三年の春に白血病《はっけつびょう》だと診断され、母と父は子猫を飼った。マックスの死のせいで、母は二十年間ペルシャ猫を飼っていなかった。だが、当初の計画のペルシャ猫ではなく、両親はヒマラヤンを連れて帰ってきた。シャムとペルシャをかけあわせた種類だ。澄んだブルーの瞳の灰色の美しい猫で、外向的で愛らしい性格にいたるまでマックスにそっくりだった。両親は彼をマックス二世と名づけた。

マックス二世は、母が死にかけていることを最初に告白された。父からではない。母はとても強いので、どんな病気でも生き延びると、父は信じていた。告白したのは母自身だった。彼女は自分がこの病気に負かされるだろうことを悟り、父を一人にしたくなかったのだ。

母は精神力の強い人だった。若かったころ、母はおそらく人生から、アルコール依存症の父親から、五歳のときから働かされた家族経営のレストランでの長時間の労働から、逃げようとしていたのだと思う。祖母が離婚すると、母と祖母は婦人服の店に仕事を得た。それが彼女の人生、未来だった。父と出会うまでは。

ヴァーリン・ジプソンと出会ったあと、マリー・メイユーは回れ右をして、常に人生に向かっていくようになった。父と母は深く愛し合っていた。二人の愛はあまりにも大きく、この本にしろ、どんな本にしろおさまりきらないだろう。両親は子どもたちを愛した。歌とダンスを愛した。友人、町、人生を愛した。祝いごとが大好きだった。何かを達成したときや記念日があるとパーティーを開いた。母は朝早く起きて料理をし、全員が帰る午前三時まで起きていた。翌朝六時には、掃除を始めた。朝の八時には家はピカピカになっていた。母の家はいつもゴミひとつなかった。

母は一九七〇年代初めに乳癌《にゅうがん》だと診断された。医者は助からないだろうといったが、彼女は病に打ち勝った。一度ならず、五回も勝ったのだ。片方の胸で二度、もう片方の胸で三度。彼女は全力をつくし、心から神を信じて病に勝った。友人のボニーとわたしは、母を「世界で二番目にえらいカトリック教徒」と呼んでいたものだ。ジョディが八歳だったとき、ハートリーで自転車に乗っていて、かつて聖ジョセフカトリック教会だった小さな建物の前をたまたまとおりかかった。母は新しい建物の計画委員会に加わっていたので、正面の二本の木はスティーヴンとディヴィッドの追悼《ついとう》のために植えられたものだった。ジョディは古い木製の建物をみてたずねた。「ママが子どもの頃も、おばあちゃんは今みたいに教会に夢中になってたの？」

「そうね、たしかにそうだったわ」

母の信仰は教会からもたらされたものだったが、その力は内からわきでるものだった。母はどんなことにでも、あっさり屈しなかった。痛みも、疲労も、哀しみも。母が乳癌の三度目の闘病をしていたとき、継母のルシールが毎日、往復四時間かけてスーシティの病院に連れていった。それが八週間続いた。当時の放射線治療は現在よりももっとつらかった。基本的にもう肉体が耐えられなくなるまで放射線をかけるのだ。母はパリパリになるまで焼かれた。腕の下には大きなパンケーキぐらいの傷口が開いていた。あまりにも無惨な傷口だったので、包帯を替えるたびに父は気分が悪くなったという。ハートリーで二十年過ごしたあと、両親は引退して湖畔の家に引っ越すことになった。父は引っ越しを延期したがったが、母は耳を貸さなかった。毎晩、スーシティから帰ってきて、料理をし、掃除をし、荷物を詰め、ぐったり疲れて眠りに落ちた。放射線治療の中盤で、母は父と集めた所持品の大半をオークションで売ることにした。オークションは二日かかり、母はすべてのスプーンに別れを告げるためにその場にたちあった。

　母はそういう力を持つように、わたしを育ててくれた。人生には確実なことなどないと知っていたのだ。物事がうまくいっているときでも、簡単にそうなったのではない。母は六人の子どもを育て、五番目のヴァルが生まれるまでは屋内にトイレもなく、水道もない暮らしをした。母は無限のエネルギーの持ち主だったが、時間は限られていた。こなさねばならない家事があり、料理をし、家じゅうに子どもがいて、鶏と卵の仕事があり、母親として慕《した》ってくる地域社会の子どもたちがいた。母は誰も拒まなかった。ある子どもが食事をほしがれば、家族といっしょにテーブルにすわらせた。ある家族が生活に困窮していて、その家の小さな子どもがピーナッツバターが好物だと知ったら、わが家の食品庫からピーナッツバターの瓶が消えた。母は心のなかにすべての人のための場所を持っていた。ただ、どの人に対しても、あまり多くの時間は残っていなかった。わたしは子どもの頃、母とずっといっしょに過ごした。母と並んで仕事をした。わたしは母の第二の自我、分身で、それは宝物であると同時に重荷でもあった。スティーヴンの死後、ヴァルが家にやってきたとき、父と母は走っていって彼女を抱きしめ、三人でいっしょに泣いた。わたしがきたとき、父はわたしを抱きしめ泣いた。母はわたしを抱きしめ、「泣かないで。強くならなくちゃだめよ」といった。わたしが強かったら、自分も強くなれると母は知っていたのだ。そして、わたしは自分に期待されているものを承知していた。

母は、ずっとわたしを愛してきたといった。それについてはこれっぽっちの疑いもない。父は感傷的な人間だった。かたや母は誇りをとおして愛情を示した。わたしの大学卒業のとき、最優等の肩帯をみて、母は泣いた。束縛《そくばく》を脱し、立ちあがり、歩き続けたことで、わたしをとても誇らしく思ったのだ。彼女の成人した娘はそこまで到達したのだ。ある意味で、母もそこに到達したのだった。娘の大学卒業と、優等の成績によって。

父は仕事があって卒業式にでられなかったので、両親はハートリーに戻ると二百人を招待して卒業パーティーを開いてくれた。わたしのために百枚の一ドル札をつなぎあわせてエプロンを作るために、父はひと月かけた。百ドルはわたしの両親にとって大金だった。当時は、二枚の五十ドル札をこすりあわせてみせれば、金持ちとみなされたのだ。わたしはそのエプロンが気に入った。それは父の愛と誇りを象徴していた。まさに母の涙のように。だがわたしはとても貧しかったので、わずか一週間後には、ばらばらにして使ってしまった。

母が白血病から持ち直したとき、誰も驚かなかった。母は乳癌を五度も生き延びてきたし、根性があった。何年も放射線治療を受けたが、それでもボロボロにならなかった。化学療法の効果がなくなると、骨髄《こつずい》移植に踏みきった。しばらくいい状態が続いていたが、やがて今度こそ病に勝てないことがはっきりした。母はもうすぐ八十歳だったし、体力が衰えてきていた。

母は結婚記念日に盛大なパーティーをしたがったが、それは何カ月も先だった。わたしたちの生活でいちばん盛大に祝うのは、両親の結婚記念日だった。残っている四人の子どもたちは知恵をしぼった。母が結婚記念日まで持ちこたえるとは思えなかったし、この病状では盛大なパーティーは論外だった。そこで母の七十九歳の誕生日に、家族と親しい友人だけを呼んで小さなパーティーをすることに決めた。その日は父の八十歳の誕生日の三日前だった。ジプソン・ファミリー・バンドが最後に集まり、《ジョニー・ム・ゴー》を演奏した。子どもたち全員が父と母のために詩を書いた。詩はジプソン家の伝統だった。父はしょっちゅう詩を書いていた。わたしたちはそのことでからかったが、父の詩は額にいれて壁にかけたり、引き出しにしまっておいたりして、いつも手の届くところに置いてあった。

子どもたちは詩をふざけたものにしようと決めた。これは父のために書いた詩だ。八イスクールをでたばかりの頃、婚約を破棄したときについて語っている。

父さんの思い出

わたしは婚約を破棄した
ジョンとわたしはもう結婚しない
それまででいちばんつらかったことだ
感情的になっておびえた

母さんはとても動揺した
ご近所の人がなんていうかしら？
わたしは部屋に閉じこもった
苦悩を涙で洗い流そうとした

父さんがわたしの泣き声をききつけた
こんなふうに慰めてくれた

ドアノブに寄りかかって、父はこういった
「ハニー、父さんがヒゲをそるのをみにこないか？」

だが、わたしは母のためにはふざけた詩を書けなかった。母は数え切れないほどたくさんのものを与えてくれた。言葉ではいいつくせなかった。またチャンスがあるだろうか？　わたしは涙に暮れながら、父が得意とするような、恥ずかしいほど感傷的な詩を書いた。

母さんの思い出

記憶を探ってみた
ある日、ある事件、あるおしゃべり
わたしのいちばん愛している記憶には
それ以上の中身があった

七〇年代に結婚が破綻《はたん》して、すべてを失った
人生が後退していくのを感じた
落ち込み、もがいていた
まさに正気を失いかけていた

友人と家族がわたしを支えてくれた
誰より五歳にもならない娘ジョディが
彼女がすべてを埋め合わせてくれた
生き延びようと闘っているときに

母さんありがとう
母さんはわたしが再生できることを教えてくれた
でもあなたのもっとも大切な役割は
ジョディの第二の母だったこと

わたしに与えられるものが何もなかったとき

ベッドからでようと苦闘していたとき
母さんはジョディを抱きしめて
魂に栄養を与えてくれた

限りない愛情と安定に包まれ
そのハートリーの家では
スイミングのレッスン、馬鹿げたゲームが行なわれた
ジョディは一人きりにならずにすんだ

わたしが人生を立て直しているあいだ
勉強し、働き、自分の道をみつけるあいだ
母さんはわたしがあげられなかったものをジョディに与えた
日々の特別な気くばりを

ジョディを育てるあいだ、わたしは混乱していた
だけどジョディがころぶと、母さんが支えてくれた

ありがとう、母さん、なによりも
わたしの娘を導いてくれて

そのパーティーの二日後、母は真夜中に父を起こし、病院に連れていってくれるように頼んだ。もはや痛みに耐えられなかったのだ。数日後、容態が安定し、スーシティに検査のために搬送されたあとで、わたしたちは母が大腸癌《だいちょうがん》にかかっていたことを知った。唯一の生存のチャンス、しかも確実ではないチャンスは、大腸のほぼすべてを取り除くことだった。残りの一生を母は人工肛門のパウチをぶらさげて生きていかなくてはならないだろう。

母は自分がとても深刻な容態だと気づいていた。あとになって、母が座薬と下剤を一年以上使っていたことを知った。しかも、ほとんど常に痛みにさいなまれていた。誰にも知られたくなかったのだ。人生で初めて、母は敵と向き合うことを望まなかった。彼女はいった。「手術は受けないわ。闘うのに疲れたの」

妹はひどく取り乱した。わたしはいった。「ヴァル、なんといっても母さんなのよ。時間をあげて」

案《あん》の定《じょう》、五日後、母はこういった。「このままじゃ嫌だわ。手術を受けましょう」

母は手術を生き延び、それから八カ月生きた。楽な月日ではなかった。母を家に連れ帰り、ヴァルと父が二十四時間世話をした。ヴァルだけが人工肛門のパウチの扱い方を学んでいた。看護師ですらそれを上手に交換できなかった。わたしは毎晩、家にいき、夕食を作った。困難な時期だったが、同時にわたしの人生でいちばんすばらしい歳月でもあった。母とわたしはあらゆることについて語り合った。口にされないことはひとつもなかった。すべての笑いをわかちあった。最期に母は昏睡状態になったが、そのときですら、わたしの声がきこえるとわかっていた。わたしたち全員の声が母にはきこえていた。決して遠くにいくことはなかった。母は家族とともに思いどおりに生き、そして思いどおりの死に方をしたのだった。

二〇〇六年の夏、母が亡くなって数カ月後、わたしは子ども図書室の窓の外に、母をしのんで小さな像を置いた。その像は本を持っている女性で、そばで騒いでいる子どもに読んでやろうとしているところだった。わたしにとって、その像は母なのだ。母は常に何かを与えてくれた。

デューイの食事

かわいがっているヒマラヤンのマックス二世は、自分よりも長生きするだろう、と父はいっている。その確信に、父は慰めをみいだしている。だが、ほとんどの人間にとって、動物と暮らすことはペットの死を経験することを意味する。動物は子どもではない。わたしたちより長生きすることはめったにないのだ。

デューイが十四歳を過ぎてから、頭のなかではデューイの死の心構えをしてきた。彼の腸の状態と、一般の人々のあいだで暮らす環境から、ドクター・エスタリーは、デューイが十二歳以上生きる可能性はまずないだろうといっていた。しかし、デューイは遺伝と生活が、めったにない長寿の組み合わせだったのだろう。デューイが十七歳になる頃には、彼の死について考えることをほぼ放棄した。避けがたいこととしてだけではなく、人生におけるひとつの道しるべとして受け入れたのだ。道しるべの位置も、いざそこにたどり着いたときにどういうふうにみえるかもわからなかったら、それについて心配しながら過ごすのはむだなことだ。ようするに、わたしはデューイと過ごす時間を思う存分楽しむことにしたのである。そして離ればなれの夜のあいだ、翌朝よりあとのことを考えないようにした。

「お風呂」という言葉に反応しなくなったとき、デューイの聴力が弱ってきていることに気づいた。これまでずっと、その言葉をきくなりデューイは逃げだしていた。スタッフがおしゃべりをしていて、誰かが「ゆうべはお風呂場をお掃除しなくちゃならなかったわ」

あっという間に、デューイは姿を消した。毎回。

「あなたのことじゃないのよ、デューイ！」

だが、彼は耳を貸そうとしなかった。「お風呂」あるいは「ブラッシング」「くし」「はさみ」「医者」「獣医」――それらの言葉を口にすると、デューイは消えた。とりわけ、ケイかわたしがそのおぞましい言葉を口にしたときは。わたしが図書館の業務で留守をしたり、たび重なる手術でもろくなった免疫システムのせいで具合が悪くて休んだりしているときは、ケイがデューイの面倒をみた。彼が何かを求めているときは、たとえそれが愛情であっても、わたしがそばにいなければ、ケイのところにいった。ケイは最初のうちこそよそよそしかったが、長年のうちに彼の第二の母親になった。デューイを愛しているが、悪い習慣はきちんとしかる人間に。ケイとわたしがいっしょにたっていて、「水」という単語を思い浮かべただけで、デューイは逃げた。

そんなある日、誰かが「お風呂」といっても、デューイは逃げなかった。わたしが「お風呂」のことを考えると、ちゃんと逃げたが、言葉では逃げなかったのだ。そこでデューイをもっとよく観察してみた。たしかに、図書館の裏の路地をトラックが走っていくたびに逃げることはなくなっていた。裏口のドアが開く音がするたびに、以前は走っていって運びこまれる箱の匂いを嗅いだ。今はまったく身動きしなかった。分厚い参考図書を乱暴に置いたときなど、突然の大きな物音にも飛びあがらなくなった。利用者に呼ばれても、以前ほど頻繁にでていかなくなった。

だが、それは聴力とはあまり関係なかったのかもしれない。年をとると、簡単なことがさほど簡単ではなくなるものだ。リューマチ。筋力の衰え。骨がすり減って体が固くなる。猫も人間も、肌に弾力がなくなる。つまり前よりも乾燥し、かゆみがでて、傷が治りにくくなるわけだ。おもに一日じゅうなでられる仕事だと、それは些細な問題ではない。

デューイは相変わらず正面ドアでみんなを迎えていた。相変わらず寝そべるひざを探したが、自分自身のためにだった。おしりの左側はリューマチをわずらっていたので、痛む場所を押されたり、おかしな抱き方をされると、苦痛のあまり脚をひきずりながら退散した。お昼ちかくと午後は、貸し出しカウンターにすわっていることが多くなった。そこならスタッフに守ってもらえたからだ。デューイは自分の美しさと人気にとても自信を持っていた。利用者が自分に会いにくることも知っていた。王国を見渡しているライオンさながら、彼には威厳があった。ライオンのようにすわることさえあった。体の前で前足を重ね、後ろ足を体の下に敷いて、まさに威厳と優雅さを絵に描いたかのようだった。

デューイにやさしく接してほしい、彼が心地よく感じるようにもう少し気をつかってほしい、とスタッフはさりげなく来館者にほのめかしはじめた。おもにカウンターで来館者の相手をしているジョイは、とても彼に配慮してくれた。彼女はお休みの日でも、しょっちゅう甥と姪をデューイに会わせに連れてきていた。だから、デューイがとても乱暴に扱われかねないことを知っていたのだ。「最近のデューイは、そっと頭をなでられるのを喜ぶんですよ」ジョイは来館者にいった。

小学生ですら、デューイが今は老いた猫だということを理解してくれ、彼の要求に敏感になった。彼らはスペンサーの子どもたちの二世代目だった。デューイが子猫時代に知り合った子どもたちの子どもたちだったから、親は子どもに行儀よくするようにいいきかせた。子どもたちがそっとデューイにさわると、彼は脚にもたれたり、床にすわっていればひざに登ったりした。だが、以前よりも警戒するようになり、大きな音をたてたり乱暴に扱われたりすると逃げだした。

「大丈夫よ、デューイ。あなたが何を望んでいるにしても」

長年の試行錯誤のすえ、わたしたちはついに気むずかしい猫に気に入ってもらえる猫用ベッドをみつけた。小さくて、フェイクファーが張られ、底には電気の暖房パッドがはいっていた。それをわたしのオフィスのドアわきにあるヒーターの正面に置いた。デューイはそのベッドでくつろぐのが何よりも好きだった。スタッフエリアの安心感に包まれているし、暖房パッドをつけるとほかほかだった。冬には壁際のヒーターもスイッチが入れられるので、暖かくなりすぎて、ベッドから飛びでて床でころげまわった。毛があまりにも熱くなり、さわれないほどだった。十分ほど両手両脚を伸ばしてあおむけになって、熱をさました。猫がはあはあいえるなら、そうしていただろう。涼しくなると、またベッドに戻り、同じことを繰り返すのだった。

暖かさだけがデューイの贅沢《ぜいたく》ではなかった。わたしもデューイの気まぐれにつきあってきたかもしれないが、今では子ども図書室の司書のアシスタント、ドナがわたし以上に彼を甘やかしていた。デューイがすぐに食べ物を口にしないと、ドナはそれを電子レンジで温めてやった。それでも食べないと、捨てて、別の缶を開けた。ドナはありふれた缶詰を信じていなかった。どうしてデューイは内臓や足の先を食べなくちゃならないの？　ドナは二十五キロ先のミルフォードまで車を走らせた。そこの小さな店で、外国製のキャットフードを売っていたからだ。ターキー味もあった。デューイはそれを一週間だけ好んだ。彼女はラムも試したが、いつものようにどれも長続きはしなかった。ドナは次から次に新しい味を試し、次から次に新しい缶を買ってきた。ああ、彼女はデューイをどんなにかわいがっていたことか。

しかし、いくら努力をしても、デューイはやせてきたので、次の検診のときにドクター・フランクは彼を太らせるための薬を処方してくれた。そうなのだ、いくつかの深刻な健康上の問題にもかかわらず、デューイは仇敵《きゅうてき》のドクター・エスタリーよりも長く仕事を続けたのだ。ドクター・エスタリーは二〇〇二年の終わりに引退して、診療所を非営利動物保護団体に寄付していた。

薬に加え、ドクター・フランクは薬シューターをくれた。ようするに、デューイが吐きださないように、デューイの喉の奥まで薬をいれる道具だった。だがデューイは利口だった。彼が落ち着き払って薬を飲んだので、わたしは「よかった、やったわ。簡単ね」と考えた。そのとたん彼は書棚の後ろにもぐりこみ、ゲホッと錠剤を吐きだしてしまった。図書館じゅうに小さな白い錠剤を発見することになった。

わたしはデューイに薬を強制しなかった。彼は十八歳だった。薬を飲みたくないなら、飲む必要はない。そのかわり、ヨーグルトを買ってきて、毎日ちょっとずつなめさせた。それがきっかけになった。ケイはサンドウィッチのコールドミートの切れ端をやるようになった。ジョイはハムサンドウィッチをわけてやった。まもなく、デューイはジョイが袋を手に入ってくるのをみると、キッチンまでついていくようになった。ある日、シャロンがデスクにサンドウィッチを置いたまま席をたった。一分ほどして戻ってみると、サンドウィッチの上のパンが慎重にひっくりかえされ、わきに置かれていた。底のパンはそのままで、まったく同じ場所にあった。だが、はさんであった肉はすべてなくなっていた。

二〇〇五年の感謝祭のあとで、わたしたちはデューイがターキーを好きなことを発見した。そこでスタッフは休暇の余り物をどっさり持ってきた。それを冷凍しようとしたが、デューイは新鮮ではないとすぐにわかった。鋭い嗅覚はまったく衰えていなかったのだ。だからこそ、シャロンが電子レンジで温めたお気に入りのランチ、ガーリック味のチキンをデューイにやろうとしたときは鼻で笑ったものだ。「まさか、デューイはガーリック味なんて食べないわよ」

彼はきれいにたいらげた。なんて猫！　十八年間、デューイはキャットフードの特別なブランドと味しか食べなかった。ところが、今や何でも食べるようにみえた。わたしは思った。「人間の食べ物でデューイを太らせることができるなら、それでもいいわ。薬よりもましじゃない？」

わたしはデューイにブラウンシュヴァイガーを買ってきた。このあたりの多くの人がごちそうだとみなしているスライスしたレバーソーセージだ。ブラウンシュヴァイガーは八十パーセントが脂肪だった。デューイを太らせるものがあるとしたら、ブラウンシュヴァイガーだろう。だがデューイは口をつけようとしなかった。

偶然にも発見したのだが、デューイが本当にほしがったのは、アービーズのビーフ・アンド・チェダー・サンドウィッチだった。彼はそれをがつがつと食べた。あっという間にたいらげた。ビーフを噛みさえしなかった。ただ、飲みこんでしまった。そのサンドウィッチに何がはいっていたのかわからないが、デューイがアービーズのビーフ・アンド・チェダーを食べはじめると、消化問題が改善された。便秘は劇的に軽減した。一日にふた缶のキャットフードを食べるようになり、おまけにファストフードはとても塩分が強いので、ボウル一杯の水を飲むようになった。自分でトイレを使うようにさえなった。

だがデューイの飼い主は二人だけではなく、百人いた。彼らのほとんどは、その改善に気づかなかった。彼らの目にみえるのは、愛していた猫がどんどんやせていくことだけだった。デューイはその状況を利用することをためらわなかった。いつも貸し出しカウンターにすわっていて、誰かが近づいてきてなでると、哀れっぽく鳴いた。みんながころりとそれにだまされた。

「どうしたの、デューイ？」

デューイは来館者をスタッフエリアの入り口に案内した。そこには彼の食べ物の皿が置いてあった。彼は悲しげに食べ物をみてから、来館者をみた。そして、その大きな目に悲哀をたたえ、首をうなだれた。

「ヴィッキー！　デューイがおなかをすかせてるわ！」

「ボウル一杯のキャットフードが置いてあるでしょ」

「でも、それが気に入らないのよ」

「今朝は、それが二番目の味なのよ。最初の缶は一時間前に捨てたわ」

「だけど鳴いてるわ。彼をみて。床に倒れてるわよ」

「一日じゅうキャットフードをやっているわけにはいかないわ」

「他のものは食べるの？」

「今朝、アービーズのサンドウィッチを食べたわ」

「彼をみてよ。とってもやせてるじゃない。もっとえさをあげるべきよ」

「わたしたちは彼をちゃんと世話しているのよ」

「でも、とってもやせてるわ。わたしのかわりにアービーズを少しあげてもらえない？」

やることはできた。ただし、デューイは同じことをきのうもしたのだ。その前の日も。そして、その前の日も。実をいうと、今日、デューイが飢えた猫のふりをしてみせたのは、彼女で五人目だった。

だが、そんなことを来館者にいえるだろうか？　わたしはいつも折れた。当然、それは悪い癖をますます助長することになったが。わたしが与えたくないものだとわかっているると、デューイはいっそうその食べ物の味を楽しんだのではないかと思う。それは勝利の味だったのだろう。

会議

デューイが老いるにつれ、スペンサー公共図書館の利用者の親切心がはっきりと表われてきた。友人も来館者も、以前よりもやさしくなった。もっとデューイに話しかけ、彼の要求に注意深くなった。ちょうど家族の集いで、年老いた親戚に対するように。ときどき、彼を弱々しいとか、やせているとか、汚いとかいう人もいたが、彼らの懸念《けねん》は愛情の表われだとわかっていた。

「ご心配なく」わたしは彼らにいった。「ただ年をとっただけです」

たしかに、デューイの毛は輝きをほとんど失ってしまった。もはやまばゆい赤茶色ではなく、くすんだ銅色になっていた。さらに、だんだんもつれがひどくなり、ブラッシングぐらいでは解消できなかった。デューイをドクター・フランクのところに連れていくと、猫は年をとるにつれ、舌の突起がすりへってくるのだと説明された。定期的に毛づくろいをしていても、毛をほぐすものがないので、あまり効果がないのだ。からまりやもつれは、たんに老齢の兆候にすぎなかった。

「これにかんしては」とドクター・フランクはデューイのもつれたおしりをながめながらいった。「思い切った対策が必要ですね。そったほうがいいと思いますよ」

そりおえたとき、デューイは体の上半身はふさふさで、下半身はつるつるになっていた。まるで大きなミンクのコートを着て、パンツをはいていないかのようにみえた。それを見てスタッフは笑った。ひどく滑稽な姿だったからだ。だが、すぐ笑いをひっこめた。デューイのひどく恥ずかしそうな表情に気づいたからだ。彼はそられたことを嫌がっていた。猛烈に嫌がっていた。数歩足早に駆けだそうとして、すわりこみ、おしりを隠そうとした。それからたちあがり、すばやく歩き、またすわりこんだ。歩いては、とまる。歩いては、とまる。とうとうベッドまで戻っていき、前足で頭を隠し、お気に入りのおもちゃマーティ・マウスの下で丸くなった。何日ものあいだ、上半身を通路に突きだし、下半身を書棚に隠しているところを目撃した。

だがデューイの体調は、笑ってすませられる問題ではなかった。スタッフは口にださなかったが、みんなが心配していることはわかっていた。ある朝やってきたら、デューイが床で死んでいるのをみつけるのではないかと恐れていたのだ。彼の死を心配しているだけではなく、それに自分で対処しなくてはならないことを心配している人もいることに、わたしは気づいた。もっと最悪なのは、命にかかわる決断をくださねばならない立場になることだろう。自分自身の健康問題と、州の図書館業務によるデモインへの出張が加わり、わたしはしょっちゅう図書館を留守にした。デューイはわたしの猫だった。全員がそれを知っていた。スタッフがいちばん避けたいのは、わたしの猫の命が自分たちの手にゆだねられることだった。

「心配しないで」わたしはいった。「デューイにとって最善だと思うことをしてちょうだい。まちがったことをするはずがないんだから」

わたしが留守のあいだに何も起きないとは約束できなかった。だが、こういった。

「この猫のことはわかってるわ。デューイが健康なときも、少し具合が悪いときも、本当に悪いときもわかってる。本当に悪くなったら、わたしを信じてちょうだい。獣医に連れていくから。必要なことはちゃんとするつもりよ」

それに、デューイは病気ではなかった。まだ貸し出しデスクに飛びのったり、飛びおりたりしたので、リューマチもそれほど悪くなさそうだった。消化機能は以前よりも改善されていた。それに、利用者の相手をすることをまだ愛していた。だが年とった猫を世話するには忍耐が必要だったし、率直にいって、スタッフのなかには自分の仕事ではないと考えている人もいた。デューイが年をとるにつれ、彼の支援者はじょじょに減っていった。まずさまざまな予定のある町の人々。それから日和見《ひよりみ》主義の人たち。そして、魅力的で活発な猫を求めているだけの少数の来館者たち。最後に老猫の世話の負担を嫌がるスタッフ。

だからといって、二〇〇六年の図書館理事会の会議が、わたしにとって不意打ちに感じられなかったわけではない。わたしは図書館の状況についての一般的な議題を予想していたが、議題はすぐにデューイのことになった。ある来館者が、デューイの具合が悪そうだといったのだ。おそらく、医学的治療を受けさせるべきでは、と理事会は提案した。

「最近の検診で」わたしは彼らに説明した。「ドクター・フランクは甲状腺の機能亢進《こうしん》を発見しました。それもたんに老齢の症状です。リューマチ、皮膚の乾燥、唇と歯ぐきの黒い老人斑《はん》と同じです。ドクター・フランクは薬を処方してくれましたが、ありがたいことに飲み薬ではありません。耳の中にすりこんでやってます。デューイはとても元気をとりもどしています。それから、ご心配なく」わたしは思い出させた。「薬代は寄付とわたしのポケットマネーでまかなっています。デューイの世話には、市の予算を一セントも使っていません」

「甲状腺の機能亢進というのは深刻な病気なんですか？」

「ええ、でも治療できます」

「その薬は毛並みにも効果があるのかしら？」

「艶《つや》がなくなるのは病気じゃありません、老化のせいです。人間の白髪と同じですよ」

彼らは理解するはずだった。その部屋には白髪のない人間は一人もいなかったのだ。

「体重の件はどうなの？」

彼の食事についてくわしく説明した。ドナとわたしがキャットフードをアービーズのビーフ・アンド・チェダー・サンドウィッチに変えたほど、食べ物にうるさいことについて。

「でも、デューイは元気そうにみえないわ」

彼らは結局それを繰り返した。デューイは元気そうではない。デューイは図書館のイメージを傷つけていたのだ。彼らが善意から、全員にとって最善の解決策をみつけようとしていることは承知していた。だが、わたしには彼らの考え方が理解できなかった。たしかに、デューイは魅力的にみえなかった。でも誰でも年をとる。八十歳の人間は二十歳の人間のようにはみえない。みえるわけがない。わたしたちは年とった人間をわきに押しやって、みないようにする、使い捨ての文化で生きているのだ。老人にはしわがあり、老人斑ができている。うまく歩けないし、手は震える。目は涙っぽくなり、食べるときによだれをたらし、しょっちゅう「パンツにげっぷする」（というのはジョディが二歳のときの表現だ）。わたしたちはそれをみたくない。功成《こうな》り名を遂《と》げた老人でも、健康な生活を送っている老人でも、わたしたちは視界と心から彼らを追いだしたがる。だがおそらく老人も、老猫も、わたしたちに何かを教えてくれるだろう。世界についてではなくても、自分自身について。

「デューイをあなたの家に連れていったらどう？　休暇には家に連れていっているでしょ」

わたしはそのことはとうに考えていた。そして、却下した。デューイはわたしの家で暮らしても幸せではないだろう。わたしは仕事と会議でしょっちゅう留守にしている。デューイは独りぼっちが大嫌いだった。社会性のある猫だったのだ。幸せに暮らすためには、周囲に人がいることと図書館が必要だった。

「苦情を受けているのよ、ヴィッキー、わからない？　わたしたちの仕事は市民を代弁することなの」

理事たちは、町ではもうデューイがいらない、といわんばかりだった。その考えがばかげていることはわかっていた。毎日、地域の人々のデューイへの愛情を目《ま》の当たりにしているのだから。きっといくつかの苦情を受けたのだろうが、苦情というのは常に存在するものだ。今、デューイが最高の状態ではなくなったので、声が大きくなったにすぎない。だが、それは町がデューイを拒絶しているということではなかった。長年のあいだに学んだが、デューイを愛している人々、本当に彼を求め、必要としている人々は、声高《こわだか》な人間ではなかった。彼らはまったく意見をいわないことが往々にしてあった。

二十年前の理事会がこうだったら、デューイを飼うことすら不可能だっただろう。

「神様ありがとう」わたしは心のなかでつぶやいた。「過去の理事会に感謝するわ」

それに理事会の考えていることが本当で、町の大多数がデューイに背を向けているとしても、わたしたちは彼の味方につく義務があるのでは？　たとえ五人でも気にかけてくれる人間がいたら、それで十分なのでは？　誰も気にしていなくても、デューイがスペンサーの町を愛したという事実は残る。彼はずっとスペンサーを愛するだろう。彼はわたしたちを必要としていた。デューイをみて、年をとって弱々しくなったから、もう誇らしく感じられないからと、ただ放りだすことはできなかった。

理事会からは別の意見も伝えられた。大きく、明瞭に。デューイはあなたの猫ではない。町の猫だ。わたしたちは町を代弁している。だから、これはわたしたちの決定だ。わたしたちには何が最善かがわかっている。

わたしはひとつの事実には反論しなかった。デューイはスペンサーの猫だった。それは真実そのものだった。しかし、わたしの猫でもあった。そして、最終的にはデューイは一匹の猫だった。会議の席で、わたしは気づいた。多くの人の頭のなかで、デューイは思考や感情を持つ生身の動物から、ひとつのシンボル、比喩、所有できる物体に変化していることに。図書館理事会のメンバーは、デューイを猫として愛していた——理事長のキャシー・グレイナーはいつもデューイのためにポケットにごちそうを忍ばせていた——しかし、彼らはそれでも猫と財産を区別できないのだった。

そして、認めねばならないが、別の考えがわたしの頭のなかをぐるぐる回っていた。「わたしも年老いてきている。健康状態は最高とはいいがたい。この人たちは、わたしも放りだすつもりなのかしら？」

「わたしがデューイと親密なのは承知しています」わたしは理事たちにいった。「母の死と健康問題でつらい一年を経験してきて、あなたたちがわたしを守ろうとしてくださったこともわかっています。でも、守ってくださる必要はありません」わたしは言葉を切った。そんなことをいうつもりはまったくなかったのだ。

「もしかしたら、わたしがデューイを愛しすぎているとお考えかもしれません。でも、わたしを信頼してください。そのときがきたら、わかります。生まれてからずっと動物を飼ってきました。彼らを眠らせてきました。つらいことですが、わたしにはできます。

わたしがもっとも望まないこと、絶対に避けたいのは、デューイが苦しむことなのです」

理事会の会議は貨物列車になりかねない。そして、この列車はわたしを雌牛《めうし》のように線路に突き落とした。デューイの行く末については、委員会で決めようと誰かが提案した。その委員会の人々は善意から行動するとわかっていた。職務を真剣に果たし、最善と思われることをするだろうとわかっていた。だが、わたしはそれに耐えられなかった。どうしても嫌だった。

理事会がこの「デューイの死の監視委員会」に何人の人間が必要か話し合っているときに、スー・ヒッチコックが発言した。「ばかげているわ。こんなことを相談していることすら、信じられないわ。ヴィッキーは図書館で二十五年も働いているのよ。十八年間はデューイといっしょだった。彼女は自分のやっていることを承知しているわ。ヴィッキーの判断を信頼するべきよ」

スー・ヒッチコックに感謝したかった。彼女が発言したとたん、列車は線路に戻り、理事会は前言撤回《てっかい》した。「そうだ、そうだ」彼らはつぶやいた。「そのとおりだ……まだ早すぎるし、大げさだ……状況がもっと悪くなったら……」

わたしは打ちのめされた。この人々がデューイをわたしから奪う提案すらしたことが、胸に深く突き刺さった。しかも、やろうと思えばできたのだ。彼らには権力があった。だが、そうしなかった。どうにか、わたしたちは勝利をおさめた。デューイも、図書館も、町も。そしてわたしも。

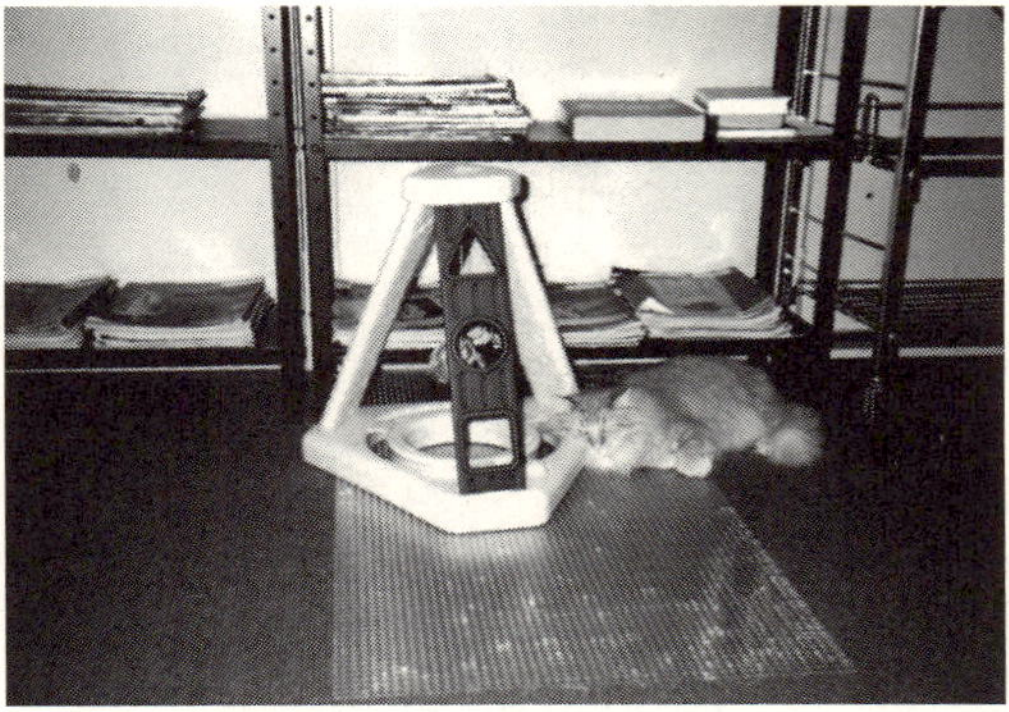

デューイの愛情

この恐ろしい会議の前年、二〇〇五年のクリスマスは永遠に忘れられないだろう。デューイは十八歳だった。ジョディとスコットがわたしの家に泊まっていた。二人には今では一歳半の双子、ネイサンとハナがいた。母はまだ生きていて、双子がプレゼントを開くのをみるために、とっておきの部屋着を身につけていた。デューイはソファに寝そべり、ジョディの腰に体を押しつけていた。ひとつのことが終わりを迎えかけ、別のことが始まろうとしていた。だが、その週は全員がいっしょだった。

デューイのジョディに対する愛情はまったく揺るがなかった。彼女は、いまだにデューイのロマンチックな愛情の対象だった。そのクリスマスは、機会があるごとに、デューイは彼女にまとわりついた。だが、たくさんの人々、とりわけ子どもがそばにいて、いろいろなことが進行中だと、デューイはながめるだけで満足した。彼は嫉妬のかけらもみせず、スコットとも仲良くやっていた。そして、双子を愛した。孫が生まれたとき、わたしはガラス製のコーヒーテーブルをクッションいりの足乗せ台にかえた。クリスマスの週の大半を、デューイはその台にすわって過ごしていた。ハナとネイサンはよちよち近づいてきて、彼をなでまわした。デューイは今では幼児を警戒するようになっていた。図書館では幼児が近づいてくると、さっと逃げだした。しかし、デューイは二人がおかしなやり方でなでたり、毛をくしゃくしゃにしても、双子といっしょにすわっていた。ハナは一日に百回ぐらい彼にキスした。ネイサンはうっかりデューイの頭をぶってしまった。ある午後、なでようとして、ハナはデューイの顔を突いた。デューイはひるみすらしなかった。これはわたしの孫で、ジョディの子どもだった。デューイはわたしたちを愛していたから、ハナも愛していたのだ。

その年、デューイは冷静そのものだった。老人になってからのデューイは、そこが大きく変わった。トラブルを避ける術《すべ》を得たのだ。まだ会議にも参加していたが、どこまででしゃばっていいか、どのひざを選んだらいいか、わきまえていた。二〇〇六年の九月、理事会の会議のほんの数週間前、図書館の催しで百人近い人々がやってきた。デューイはスタッフエリアに隠れるだろうと思った。だが、彼はいつものように人々のあいだにいた。影のように来館者のあいだを歩きまわっていたので、気づかれないことも多かったが、誰かがなでようと手を伸ばせば、必ずその手の先にいた。彼の人間との交流にはリズムがあり、それがきわめて自然で美しく感じられた。

催しのあと、デューイはみるからに疲れきって、ケイのデスクに置かれたベッドにもぐりこんだ。ケイはかがみこんで、そっとあごの下をかいてやった。その手つきも、その静かなまなざしも、わたしはよく知っていた。それは感謝だった。旧友や配偶者を混雑した部屋の向こうにみつけ、相手がどんなにすばらしいか、自分の人生にいてくれることがどんなに幸運か、気づいたときの感謝の表われだった。ケイがこんなふうにいうだろうと、なかば期待したほどだ。「十分よ、もう十分やってくれたわ」だが、このときケイはすべての言葉を胸におさめたままでいた。

ふた月後、十一月の初めに、デューイの足もとがいささかおぼつかなくなった。大量のおしっこをするようになり、ときには砂箱の外の紙にまで排尿した。これまで一度もそういうことはなかった。だが、デューイは隠れようとはしなかった。相変わらず貸し出しカウンターに飛びのったり、飛びおりたりしていた。来館者とも交流していた。どこかが痛む様子もなかった。ドクター・フランクに電話すると、連れてくる必要はないが、気をつけて観察しているようにといわれた。

十一月末のある朝、デューイは前足を振らなかった。この長い歳月で、朝わたしが図書館にやってきたとき、デューイが前足を振らなかったのは片手で数えられるぐらいだった。そのかわり、彼は正面ドアのところにたって、わたしを待っていた。わたしは彼をトイレに連れていき、キャットフードを与えた。ふた口か三口食べてから、わたしといっしょに朝の見回りをした。わたしはフロリダへの旅行準備で忙しかった――弟のマイクの娘ナタリーが結婚することになり、家族全員が向こうにいく予定だった――そこで午前中はデューイをスタッフにまかせていた。仕事をしていると、いつものように彼はオフィスにはいってきて匂いを嗅ぎ、わたしが無事かを確認していった。年をとるにつれ、彼は愛する人をいっそう守ろうとするようになっていた。

九時半に、デューイの現在の朝食を調達するためにでかけた。ハーディーズのベーコン、卵、チーズビスケットだ。戻ってきても、デューイは駆け寄ってこなかった。耳の遠いおじいさん猫は、ドアの開く音がきこえなかったのだろうと思った。デューイは貸し出しカウンターのそばの椅子で眠っていたので、わたしは袋を何度か振って、卵の匂いを彼のほうに漂わせた。彼は椅子から飛びおりて、わたしのオフィスにはいってきた。卵とチーズのつぶしたものを紙皿にのせると、彼はそれを三口か四口食べて、わたしのひざで丸くなった。

十時半に、デューイはお話の時間に参加した。いつものように、子どもたち全員に挨拶した。八歳の女の子が足を組んで床にすわった。わたしたちがインディアンすわりと呼んでいる格好だ。デューイは彼女のひざによじのぼり、眠りこんだ。女の子は彼をなで、他の子どもたちもかわるがわる彼をなでた。全員が幸せそうだった。お話の時間が終わると、デューイは最強の目盛りになっているヒーターの前の毛皮張りのベッドにもぐりこんだ。わたしが図書館を正午にでたときは、彼はそこにいた。昼食に家に戻ってから、父を拾ってオマハまで車でいき、そこで翌朝の飛行機に乗る予定だった。

家に着いて十分後、電話が鳴った。事務係のジャンからだった。「デューイの行動がへんなの」

「どういう意味、へんって？」

「鳴いて、おかしな歩き方をしているのよ。それに、戸棚の中に隠れようとするの」

「すぐにそっちにいくわ」

デューイは椅子の下に隠れていた。彼を抱きあげると、彼をみつけた朝のようにぶるぶる震えていた。目は大きく見開かれ、痛みを感じているのだとわかった。獣医のオフィスに電話すると、ドクター・フランクは外出していたが、夫のドクター・ビールがいた。彼はいった。「すぐに連れてきてください」わたしはデューイを彼のタオルで包んだ。十一月末の寒い日だった。デューイはすぐに、わたしの体にもたれかかってきた。

獣医のオフィスに着いたときには、デューイは車内でヒーターのそばの床にすわりこみ、恐怖で震えていた。わたしはデューイを腕にすくいあげ、胸に抱きしめた。そのとき、彼のおしりからうんちがでているのに気づいた。

ああ、よかった！　深刻なことではなかったのだ。ただの便秘だったのだ。

ドクター・ビールにその問題について話した。彼はデューイを奥の部屋に連れていき、腸を洗浄した。おしりも洗ってくれたので、デューイは濡れて冷たくなって戻ってきた。彼はドクター・ビールの腕から飛びおりると、わたしの腕に飛びこみ、訴えるような目でみあげた。「ぼくを助けて」何かがおかしいとわかった。

ドクター・ビールはいった。「おなかにしこりがあるようです。便ではありません」

「何なんですか？」

「レントゲンを撮る必要がありますね」

十分後、ドクター・ビールは結果を手に戻ってきた。デューイのおなかには大きな腫瘍ができていて、それが腎臓と腸を圧迫していた。それで頻繁に尿をするようになり、おそらく、そのせいで、トイレの外にまでもらしてしまったのだろう。

「九月にはありませんでした」ドクター・ビールはいった。「つまり、おそらく進行性の癌だということです。しかし、組織検査をしてみなくてはならないでしょう」

わたしたちは無言でたち、デューイをみつめていた。腫瘍だとは思ってもみなかった。

一度も。デューイのことはすべてわかっていた。彼の考えも気持ちも。しかし、彼はこのことをわたしに隠してきたのだ。

「痛みがあるんですか?」

「ええ、そうだろうと思います。腫瘍は急速に大きくなっているので、ますます痛みがひどくなるでしょう」

「痛みをやわらげるために何かできませんか?」

「手のうちようがありません」

わたしはデューイを腕に抱いて、赤ちゃんのように揺すっていた。十八年間、そんなふうに抱かせてくれたことはなかった。今、それを嫌がる様子もみせなかった。デューイはただわたしをみつめていた。

「常に痛みにさいなまれていると思いますか?」

「残念ながら、そういう状態でしょうね」

その会話にわたしは胸が張り裂け、打ちのめされた。全身の力が抜け、途方もない疲労を覚えた。耳にしていることが信じられなかった。なぜかデューイは永遠に生きると信じていたのだ。

図書館のスタッフに電話して、デューイが帰れないことを話した。ケイは町をでていた。ジョイは非番だった。シアーズにいる彼女に連絡をとったが、遅すぎた。他の数人がお別れをいうためにきてくれた。だが、シャロンはデューイのところにいかずに、まっすぐわたしに歩み寄り、抱きしめてくれた。ありがとう、シャロン、それが必要だったの。それからわたしはドナを抱きしめ、デューイを深く愛してくれたことにお礼をいった。ドナが最後にさよならをいった。

誰かがいった。「デューイが眠らされるときに、ここにいたくない気がするわ」

「いいのよ。わたしはむしろ彼と二人きりでいたいから」

ドクター・ビールがデューイを奥の部屋に連れていき、点滴《てんてき》の管を刺した。それから彼を新しい毛布に包んで戻ってきて、わたしの腕に抱かせた。わたしはしばらくデューイに話しかけていた。彼をどんなに愛していたか、どんなに大切な存在だったか、彼には絶対に苦しんでもらいたくなかったことを語りかけた。今起きていることと、その理由も話した。居心地よく感じるように、毛布でくるみなおした。それぐらいしか、してやれることはなかった。腕のなかのデューイをあやした。子猫の頃によくやっていたように、全身を前後にゆっくりと揺すった。ドクター・ビールが最初の注射をした。それからすぐに二度目の注射。

医師はいった。「心拍《しんぱく》をチェックしましょう」

わたしはいった。「その必要はありません。目をみればわかります」
デューイはいってしまった。

デューイを愛して

わたしはフロリダに八日間いた。新聞は読まなかった。テレビもみなかった。電話も一切かけなかった。デューイの死がつらかったので、考えられる限り、それは逃避にいちばんいい方法だった。本当につらかった。わたしはオマハからの飛行機でついに耐えられなくなり、ヒューストンまで泣きどおしだった。フロリダでは一人で静かに、ひっきりなしにデューイのことを考えた。だが、周囲にいた家族がわたしを支えてくれた。

デューイの死の知らせがどこまで広まっていたのか、まったく知らなかった。ヒューストンまでの飛行機で泣いているあいだに、翌朝、地元のラジオ局はモーニングショーでデューイの追悼をした。《スーシティ・ジャーナル》は長い死亡記事を掲載した。それが情報源だったのかはわからないが、AP通信がその記事をとりあげ、世界じゅうに配信した。数時間のうちに、デューイの死のニュースは、CBSの午後のニュース番組とMSNBCのニュースで放映された。図書館には電話が次々にかかってきた。わたしが図書館にいたら、何日も記者たちの質問攻めにあっただろうが、他のスタッフはマスコミと話すことに気が進まなかった。図書館の秘書のキムが、短い声明を発表した。結局、それはデューイの公式な死亡記事になったようだが、それだけだった。それで十分だった。それから数日のあいだに、その死亡記事は二百七十紙以上の新聞に掲載された。

デューイとふれあった個人からの反応も、やはり大きかった。デューイの死を地元の新聞で読んだり、地元のラジオニュースできいた国じゅうの友人や親戚たちから、スペンサーの住人たちは電話をもらった。ある地元の夫婦は町をでていて、サンフランシスコの友人からそのニュースをきかされた。その人は《サンフランシスコ・クロニクル》でデューイの死を読んだのだった。彼を愛した人々は、図書館でお通夜《つや》をした。地元の商店からは花やお供物《くもつ》が送られてきた。シャロンとトニーの娘、エミーはデューイを描いた絵をくれた。紙の真ん中に緑の輪がふたつ描かれ、そこからあらゆる方向に線が突きでている絵だった。美しい絵だった。わたしがオフィスのドアにそれを貼ると、エミーはにっこりした。その絵は彼の思い出として、わたしたちどちらにとっても最高のものだった。

図書館猫のドキュメンタリー映画の監督ゲリー・ローマは、わたしに長い手紙をくれた。そこには、こんなふうに書かれていた。「あなたにいったかどうか忘れましたが、国じゅうで出会ったたくさんの図書館猫のなかでも、デューイ・リードモア・ブックスはぼくのいちばんのお気に入りでした。彼の美しさ、魅力、遊び心は実に個性的でした」

日本のNHKのトモコはデューイの死が日本で放映され、彼が亡くなったことを多くの人が悲しんでいるという手紙をくれた。

「アメリカン・プロフィール」で記事を書いたマルティ・アトゥーンは、デューイの記事は自分がいちばん気に入っているものだと手紙をくれた。何年も前のことで、マルティは現在では寄稿担当編集長をしていた。彼が何百という記事を書いてきたことを考えれば、マルティが一匹の猫を覚えていること、まして、いまだにデューイを好ましく考えていることはありえないように思えた。だが、それがデューイだった。彼は人々の心の奥深くを揺すぶったのだ。

わたしがオフィスに戻ったときには、デスクの上には手紙やカードが一メートル以上も積みあげられていた。パソコンの受信トレイには、デューイについてのメールが六百通以上送られてきていた。多くは彼に一度しか会ったことがないが、それを忘れたことがない人々だった。一度も会ったことのない人々からも、百通以上はメールがあった。彼の死後ひと月で、わたしは世界じゅうから千通以上のメールを受けとった。イラク戦争の兵士からは、毎日死を目《ま》の当たりにしているにもかかわらず――いや、おそらくそれだからこそ――デューイの死に心を動かされたという手紙がきた。息子が十一歳になったばかりのコネティカットの夫婦からは手紙が届いた。息子の誕生日の願いは、天国のデューイのために風船を空に放つことだった。数え切れないほどの贈り物と寄付をいただいた。たとえば海軍歴史博物館の司書は、デューイをしのんで四冊の本を寄付してくれた。彼女は図書館にある刊行物でデューイの記事をずっと読んでいて、《ワシントン・ポスト》で彼の死亡記事をみつけたのだそうだ。図書館のウェブサイト、www.spencerlibrary.com はひと月に二万五千件のアクセスだったのが、十二月には十八万九千九百二十二件になり、翌年もアクセスはほとんど減らなかった。

町の多くの人間が追悼式を望んだ。わたしもスタッフも気が進まなかったが、何かしないわけにはいかなかった。そこで十二月なかばの寒い土曜日に、デューイを愛した人人が図書館に集まり、少なくとも公式にはこれを最後に、人生に大きな影響を与えてくれた友人を追悼した。スタッフは軽い雰囲気にしようと努力した――わたしはコウモリのエピソードを話した。オードリーは照明のこと、ジョイはカートによく乗ったこと、シャロンは彼女のサンドウィッチからデューイが肉を盗んだことを話した――だが、わたしたちの精一杯の努力にもかかわらず、涙が流された。二人の女性は、最初から最後まで泣きどおしだった。

いくつかの地元のテレビ局のクルーが、その催しを撮影していた。親切な思いつきだったが、カメラは場違いに感じられた。これは友人同士でプライベートな思いを打ち明けあう場だった。その言葉を世間と共有したくなかった。それに、そこでみんなといっしょにたっているときに、言葉ではデューイに対する気持ちを表現できないことに気づいた。彼がいかに特別だったかは言葉では表現できなかった。わたしたちはここにいた。カメラもいた。世界はじっと静まり返っていた。世界は言葉以上のものを語りかけていた。ついに地元の教師が口を開いた。「なんと大げさな、デューイはただの猫だった、という人もいるかもしれないわね。でも、それはまちがっている。デューイはそれ以上の存在だったのよ」全員が彼女のいわんとすることを正確に理解していた。

デューイと過ごしたわたしの時間は、さらに濃密だった。スタッフはわたしが留守のあいだに彼のボウルを片づけ、食べ物をよそに寄付していた。でも、おもちゃはわたしが処分しなくてはならなかった。わたしがデューイの棚を片づけなくてはならなかった。毛玉のためのワセリン、ヘアブラシ、いつも遊んでいた赤い毛糸のかせ。毎朝、車を停めて図書館に歩いていっても、正面ドアで前足を振るデューイはいなかった。あの最後の日、スタッフがデューイにお別れして図書館に戻ってきたとき、彼がその前で寝ていたヒーターは作動していなかった。デューイは、その朝もヒーターの前で寝ていた。そして、ちゃんとヒーターは動いていたのだ。まるで彼の死で、ヒーターをつける理由がなくなってしまったかのようだった。ただの設備の不具合なのに、胸が張り裂けそうな思いがした。わたしがそのヒーターを修理することを考えられるようになるまでに、六週間もかかった。

わたしはお気に入りのおもちゃ、マーティ・マウスといっしょにデューイを火葬した。だから、彼は独りぼっちではないだろう。火葬場はマホガニーの箱とブロンズの名札を無料で提供しようと申しでてくれた。だが、彼を陳列するのは正しいことに思えなかった。デューイはブルーのベルベットの袋におさめられ、質素なプラスチック容器にはいって、図書館に帰ってきた。わたしはその容器をオフィスの棚に置き、仕事に戻った。

追悼式から一週間して、わたしは図書館が開く三十分前、利用者がやってくるずっと前に、オフィスからでてきて、ケイに声をかけた。「そろそろだわ」

十二月で、やはり猛烈に寒いアイオワの朝だった。最初の朝と同じように、そしてこれまでのいくつもの朝と同じように。一年のうちでいちばん日が短くなる時期で、まだ太陽はでていなかった。空は紫がかった群青色《ぐんじょう》だった。道には車一台走っていなかった。唯一きこえるのは、カナダの大平原から吹きつけてくる凍てついた風の音だけだった。

風は通りを吹き抜けて、何もないトウモロコシ畑を渡っていった。

　図書館の正面にある小さな庭から石をいくつか拾い、完全に凍っていない地面を探した。だが地面には霜《しも》がおりていたので、ケイが穴を掘るのに少し時間がかかった。太陽が駐車場のはずれにある建物の向こう側から顔をだし、最初の影が伸びはじめたとき、わたしは友人の遺灰を穴におさめ、こういった。「あなたはいつもわたしたちといっしょよ、デューイ。ここがあなたの家よ」そしてケイは土をシャベルですくって落とし、デューイの遺灰を永遠に埋めた。そこは子ども図書室の窓の外で、母親が子どもに本を読んであげている美しい像の足もとだった。ケイは、デューイの最後の安息の場に石を置いた。わたしが顔をあげると、図書館のスタッフ全員が、無言でわたしたちを窓から見守っていた。

エピローグ　アイオワからの最後の思い

デューイが亡くなったあと、アイオワの北西部はたいして変わっていない。バイオエタノール燃料が注目されているので、これまで以上にトウモロコシが植えられたが、それを育てる人手はあまり増えていない。進歩した技術と、よりすぐれた機械のおかげだ。そして、もちろん、もっと土地があったからだ。

スペンサーでは、病院に初めて形成外科ができた。クレバー・メイヤーは現在八十歳で、選挙に敗れ、ガソリンスタンドに戻った。新しい市長は図書館の秘書キム・ピータースンの夫だが、彼もクレバー同様、本を読まない。町はずれにある機械部品を作るイートン工場は、メキシコのファアレスに生産ラインを移転した。百二十人が職を失った。だがスペンサーは生き延びていくだろう。いつもそうしてきたのだから。

ロナルド・レーガンが大統領になって以来初めて、図書館は猫がいないまま運営を続けている。デューイの死後、新しい猫はどうかと百件以上の申し出があった。テキサスのように遠い場所からも、運搬を含めて申し出があった。猫たちは愛らしく、たいてい感動的な生い立ちの物語があった。しかし、どれかを飼う気持ちにはなれなかった。図書館理事会は賢明にも、図書館の猫については二年間の休止期間をもうけた。いろいろな事柄を考えるのに時間が必要だ、という説明だった。わたしは必要なことはすべて考えてしまった。過去はとりもどせないのだ。

だがデューイの思い出は永遠に生き続けるだろう。それについては自信がある。おそらく図書館でも。正面ドアのかたわらにはデューイの写真がかけられ、その上のブロンズの飾り板には、彼について書かれている。デューイの多くの友人たちの一人が、贈ってくれたものだ。おそらく、彼を知っていた子どもたちの胸でも。彼らは何年もデューイについて話題にして、自分の子どもや孫といっしょに図書館にやってくるだろう。そしてこの本のなかでも。結局のところ、そのためにこの本を書いているのだ。デューイのために。

二〇〇〇年にグランド・アヴェニューが国によって史跡として登録されると、スペンサーは公共の美術展示物を発注した。わたしたちの町の価値について説明し、歴史のあるダウンタウンの入り口を示すものとして。シカゴ在住の陶器タイルモザイクの芸術家二人、ニーナ・スムート＝ケインとジョン・ピットマン・ウェバーはこちらで一年過ごし、わたしたちと相談し、わたしたちの歴史について学び、生活様式を観察した。幼い子どもから老人まで、五百七十人以上の住民が芸術家と語り合った。その結果、モザイク彫刻は「集まり。時の、土地の、多くの手の」というタイトルになった。

「集まり」は四本の装飾された柱と三枚の壁画からできている。南側の壁は「土地の物語」というタイトルになった。トウモロコシと豚を中心にすえた農場の光景だ。女性がキルトを物干しにかけている。それから電車。北側の壁は「戸外のレクリエーションの物語」というタイトルだ。わたしたちのおもな公共レクリエーションの場である、東と西のリンチ公園を主題にしている。そして町の北西のはずれで開かれるフェア。さらに湖。西の壁は「スペンサーの物語」で、祖母の家で三世代が集まっているところ。火災と闘う町。陶器を作っている女性。これは将来を作ることを象徴している。その光景の中央やや左上には、開いた本のページに赤茶色の猫がすわっている。その姿は子どもが提出した作品に基づいたものだ。

スペンサーの物語。デューイは当時も、現在も、将来もその一部なのだ。町の共通の思い出のなかにずっと生き続けるだろう。過去の町の思い出のなかにも、これから作られる思い出のなかにも。

デューイが十四歳になったとき、わたしはジョディにいった。「デューイがいなくなったあと、図書館で働き続けたいかどうかわからないわ」それはただの予感だったが、今は自分が何をいわんとしたのか理解している。わたしの記憶にある限り、毎朝わたしが出勤してくると、図書館は生き生きしていた。希望で、愛で、正面ドアでわたしに前足を振るデューイで。いまや図書館は死んだ建物になってしまった。夏でも冷たい空気を感じた。ときには、入っていきたくない朝もあった。しかし、明かりをつけると、図書館はまた生き返る。スタッフたちが次々に入ってくる。利用者もそれに続く。中年の人は本、ビジネスマンは雑誌、ティーンエイジャーはパソコン、子どもたちはお話、年輩者は助けを求めてやってくる。図書館は生きていて、わたしは世界でいちばんすばらしい仕事をしている。少なくとも夜、帰宅しようとしたときに、もう一度かくれんぼをしようとせがむ相手がいないと知るまでは。

デューイが亡くなって一年たち、ついにわたしの健康状態がいきづまった。そろそろ新しい生活に歩みだすときだ、と悟った。図書館はデューイがいなくなって変わり、このままで人生を終わらせたくなかった。むなしく、静かで、ときには孤独に。デューイがよく乗っていた本のカートが移動していくのをみると、胸が張り裂けそうになった。彼がいなくて寂しくてたまらなかった。ときどきではなく、毎日、そう感じた。引退する決心をした。もう潮時《しおどき》だった。百二十五人以上の人が引退パーティーに集まってくれた。そのなかには、何年も話をしていなかったスペンサーの町以外の人々もたくさんいた。父は詩を朗読した。孫たちはわたしといっしょにすわり、挨拶にきてくれる人たちに応対した。《スペンサー・デイリー・レポーター》にはふたつの記事が掲載され、二十五年間の勤務に感謝を捧げてくれた。デューイと同じく、わたしは幸運だった。自分の意志で去ることになったのだ。

自分の居場所をみつけなさい。自分の持っているものに満足して幸せを感じなさい。すべての人によくしてあげなさい。いい人生を送りなさい。物質的にではなく、愛のある人生という意味で。ただし愛は決して予想することができない。

もちろん、そういうことをデューイから教わったのだが、いつものように、その答えは単純すぎるように思えた。わたしが心からデューイを愛し、デューイもまた同じようにわたしを愛してくれたということを除き、すべての答えは単純に思える。だが、説明してみよう。

わたしが三歳だったとき、父はジョン・ディア製のトラクターを所有していた。トラクターは前部に耕耘機《こううん》がつき、シャベルのような刃が両側に六枚ずつ、ずらっと並んでいた。刃は地面から十センチほど持ちあがっている。ハンドルを前に倒して、刃を地面に食いこませると、そこの土をたがやし、新しい土をトウモロコシの列にかけるのだ。

ある日、そのトラクターの前輪のそばのぬかるみで、わたしは遊んでいた。昼食後に母の弟がやってきて、トラックのクラッチをいれ、運転を始めた。父は何が起きているのかに気づき、走りだしたが、母の弟は父の声がきこえなかった。タイヤがわたしをはね、刃と刃のあいだに押しこんだ。ひとつの刃からもうひとつの刃へと、体が移動していった。とうとう母の弟がハンドルを切ると、中央のシュートに放りこまれ、わたしはトラクターの後ろにうつぶせに放りだされた。父はわたしを抱えあげると、ポーチに走っていった。父は驚嘆してわたしをみつめ、その日はそのあとずっと、古いロッキングチェアで揺られながら、わたしを抱きしめていた。そしてわたしの肩で泣きながら、こういった。「おまえは大丈夫だ、大丈夫だよ、何もかも大丈夫だ」

とうとう、わたしは父をみていった。「指を切ったよ」わたしは血をみせた。体じゅうにあざができていたが、それ以外には、その小さな切り傷だけだった。

それが人生だ。わたしたちは誰もがときどきトラクターの刃を通過している。誰もがあざをこしらえ、切り傷もできる。ときには刃が深く食いこむこともある。幸運な人は、かすり傷とわずかな出血で終わるだろう。だが、それですら重要なことではない。いちばん大切なのは、あなたを抱きあげ、きつく抱きしめ、大丈夫だといってくれる人がいることなのだ。

ずっと、わたしはそれをデューイのためにしてきたと思っていた。それが語るべき話だと思っていた。だから、語ってきた。デューイが傷つき、寒さに震え、鳴いていたとき、わたしはそこにいた。わたしはデューイを抱きしめた。万事大丈夫なように、気をくばった。

しかし、それは真実の一部でしかない。本当の真実は、あの長い歳月、つらい日も、楽しい日も、人生という本物の本のページにおける記憶にすら残らない日も、デューイはわたしを抱きしめていてくれたのだ。

デューイは今もまだ、わたしを抱きしめている。だから、ありがとう、デューイ。ありがとう、感謝している。あなたがどこにいようとも。

訳者あとがき

一九八八年一月、アイオワ州の田舎町スペンサーの朝は、その冬いちばんの冷えこみになった。スペンサー公共図書館の館長ヴィッキー・マイロンは、いつものように朝七時半に出勤して、返却ボックスを開けた。すると、本の山のあいだに子猫がうずくまっていた。両手にすっぽりおさまるぐらいの小さな子猫は、寒さにガタガタ震え、弱っていて鳴き声もろくにあげられないほどだった。それがヴィッキーと、いやスペンサーの町の住民たちと、ひいては世界じゅうの人々と、このすばらしい猫デューイ・リードモア・ブックスとの幸せな出会いだった。それから十八歳で亡くなるまで、デューイは図書館猫として人々をなごませ、笑わせ、元気づけ、みんなに愛されたのだ。

そしてなによりも、デューイは人生と奮闘しているヴィッキーの心の支えになった。

本書の著者である彼女は、こんなふうに語っている。

「ときどき天井がわたしの上に落ちてくる気がして、目に涙をためてぼんやりとひざをみつめていると、デューイがひざにのってきた。彼はまさに、わたしが必要としている場所にいてくれたのだ」

「何であろうとわたしがほしいものを、彼は躊躇せず、お返しも期待せず、質問もせずに与えてくれた。それはただの愛ではなかった。それ以上のもの。尊敬だった。共感だった。しかも、それは双方向のものだった」

これこそ、まさに究極のパートナーといえるのではないだろうか？　あなたにはそういう存在がいるだろうか？　そういう人間のパートナーをみつけているなら、その僥倖《ぎょうこう》に感謝するべきだろう。しかし、相手が一匹の猫でも、ときにはこれほど深い絆を築くことができ、パートナーとしてお互いに愛情と尊敬を与えあい、支えあう関係が成立するのだ。

ヴィッキーは出産の際の医師の不手際により、体調をくずし、結局二十四歳の若さで卵巣と子宮を摘出されてしまう。その後、アルコール依存症の夫と二十八歳で離婚、大学に通いながらシングルマザーとして一人娘を育て、図書館に職を得た。しかしその後、わずか一年のあいだに弟が癌で亡くなり、兄が自殺するという悲劇にたてつづけに見舞われる。だがそれだけではすまず、のちに自分自身も乳癌の前癌病変を発見され、両方の乳房を失ってしまう。この喪失に関しては、さすがの彼女もショックで、本書のなかで初めて明かしたのだという。

　いわば波瀾万丈の人生を送ってきたヴィッキーは、本書の最後をこうしめくくっている。人生のさまざまな不幸に出会って傷ついても、いちばん大切なのは、あなたをきつく抱きしめ、大丈夫だといってくれる人がいることだと。彼女にとってはそれがデューイだったのだ。

「つらい日も、楽しい日も、人生という本物の本のページにおける記憶にすら残らない日も、デューイはわたしを抱きしめていてくれたのだ」

　本書はそういう本である。

　町の人々を幸せにし、愛された図書館猫のデューイが、いかに一人の女性とのあいだに強い絆を築いたか。猫好きの人はもちろん、動物を飼ったことのない人も胸が熱くなるにちがいない。奇《く》しくもヴィッキーとデューイがともに過ごしたのとほぼ同じ時期に、やはり十八年にわたって猫のパートナーと暮らした訳者は、翻訳中に何度も泣き、そして笑った（涙もろい方は、泣いてもかまわない場所で読んだほうがいいだろう）。

　そして、本書の魅力は、著者の生き方そのものからも感じとることができる。ヴィッキー・マイロンは本書の舞台スペンサーで生まれ、郊外の農場で育った。ハイスクールを一九六六年に卒業後、二十二歳で結婚。その後、すでにふれたように病気に苦しみ、離婚や兄弟の死といったつらい経験をする。しかし、ハイスクールを出ただけでなんの資格もなかったヴィッキーは、福祉の援助を得ながら娘をかかえて大学に通い、三十二歳にして最優等で卒業するのだ。

彼女の逆境にもめげない不屈の闘志、努力、勇気は本当に賞賛に値する。学位を得たヴィッキーは、スペンサー図書館に就職し、その五年後には自ら名乗りでて館長になり、さらに館長として必要な修士号をとるために仕事のかたわら大学院に通う。返却ボックスに捨てられていたデューイと出会ったのは、館長になって一年後のことだった。不運に絶望せず、精一杯努力して生きていれば、必ずいい出会いがあり、人生が開けていく。ヴィッキー・マイロンの生き方は、そんなことをわたしたちに教えてくれるように思う。

本書は困難な人生にたちむかう勇気を与えてくれる本でもあるのだ。

デューイの死後一年ほどして、健康問題もあり、ヴィッキーは二十五年間働いた図書館を退職した。そして、たくさんの人のすすめで本書を執筆したという。デューイについて書くことで、永遠に人々の記憶にデューイとその思い出をとどめておければとの願いからだ。その言葉どおり、この本がみなさんの記憶に刻まれる大切な一冊になることを祈っている。

二〇〇八年九月

追記
二〇〇八年十一月、本書がメリル・ストリープ主演で映画化されることが発表された。どんなヴィッキーをストリープが演じてくれるのか楽しみである。

本書は、二〇〇八年十月に早川書房より単行本として刊行された作品を文庫化したものです。

訳者略歴　英米文学翻訳家，お茶の水女子大学英文科卒，訳書にブラッドショー『猫的感覚』，ラウチ&ロガック『図書館ねこベイカー&テイラー』ほか多数。著書『猫はキッチンで奮闘する』（以上早川書房刊）。

HM=Hayakawa Mystery
SF=Science Fiction
JA=Japanese Author
NV=Novel
NF=Nonfiction
FT=Fantasy

図書館《としよかん》ねこデューイ
町を幸せにしたトラねこの物語

〈NF365〉

二〇一〇年五月二十五日　発行
二〇一九年九月二十五日　三刷

（定価はカバーに表示してあります）

著者　ヴィッキー・マイロン
訳者　羽《は》田《た》詩《し》津《ず》子《こ》
発行者　早川　浩
発行所　株式会社　早川書房

郵便番号　一〇一 - 〇〇四六
東京都千代田区神田多町二ノ二
電話　〇三 - 三二五二 - 三一一一
振替　〇〇一六〇 - 三 - 四七七九九
https://www.hayakawa-online.co.jp

乱丁・落丁本は小社制作部宛お送り下さい。
送料小社負担にてお取りかえいたします。

印刷・中央精版印刷株式会社　製本・株式会社フォーネット社
Printed and bound in Japan
ISBN978-4-15-050365-9 C0198

本書は活字が大きく読みやすい〈トールサイズ〉です。